David Flores Zafra
Victoria Gardi Melgarejo

# Gestión de servicios de tecnologías de información

**David Flores Zafra**
**Victoria Gardi Melgarejo**

# Gestión de servicios de tecnologías de información

## Sistemas expertos de apoyo la GSTI

**Editorial Académica Española**

**Imprint**

Any brand names and product names mentioned in this book are subject to trademark, brand or patent protection and are trademarks or registered trademarks of their respective holders. The use of brand names, product names, common names, trade names, product descriptions etc. even without a particular marking in this work is in no way to be construed to mean that such names may be regarded as unrestricted in respect of trademark and brand protection legislation and could thus be used by anyone.

Cover image: www.ingimage.com

Publisher:
Editorial Académica Española
is a trademark of
Dodo Books Indian Ocean Ltd., member of the OmniScriptum S.R.L Publishing group
str. A.Russo 15, of. 61, Chisinau-2068, Republic of Moldova Europe
Printed at: see last page
**ISBN: 978-620-3-87103-6**

Zugl. / Aprobado por: Tesis de doctorado en administración

**Agradecimiento**

En primer lugar, quiero agradecer a Dios por haberme guiado en todo el proyecto y desarrollo de mi tesis, quiero agradecer a mi madre y mi esposa.

Agradezco a mi asesora de tesis, Dra. Irma Milagros Carhuancho Mendoza por el asesoramiento, motivación y consejos que me brindo para seguir adelante.

# Índice

# Índice de tablas

**Resumen**

En la empresa se identificó que el nivel de madurez, en relación con la implementación de los sistemas, se encuentra inconcluso, existe escasa confianza, bajo nivel de eficiencia, y los tiempos superan lo estipulado. En tal sentido, el objetivo de la presente investigación fue demostrar que el sistema experto mejora significativamente el tiempo promedio, los niveles de confiabilidad y la eficiencia en las evaluaciones de los niveles de madurez en la gestión de los servicios de TI de la compañía Sions. La construcción del sistema se realizó bajo la sinergia de la metodología CommonKADS y SCRUM por dos aspectos relevantes que fue la construcción del conocimiento y el seguimiento del proyecto.

La metodología empleada se sustenta en el enfoque cuantitativo porque la medición de la variable se realizó a través de los números que correspondieron al tiempo, confiabilidad y eficiencia. Asimismo, se aplicó dos metodologías para el diseño del sistema y lograr resultados que evidenciaron la mejora de la situación, el diseño fue preexperimental en vista que se trabajó con un solo grupo, la población estuvo conformada por 16 evaluaciones de empresas tecnológicas en el Perú.

Los resultados expusieron que el sistema experto mejoró en un 585% el tiempo promedio en la evaluación de los niveles de madurez, en comparación con el sistema tradicional. De esta manera, los niveles de confiabilidad mejoraron en un 98% y la eficiencia en un 113% la capacidad de respuesta, la calidad del servicio y la disponibilidad funcional en las evaluaciones de la gestión tecnológica. Se evidenció que los procesos de las fases de gestión de servicios como diseño, estrategia, transición, operación y mejora continua se benefician disminuyendo los tiempos, costos e incrementando su funcionalidad para las empresas que cuenten con servicios tecnológicos como parte de la estrategia del negocio. Por lo tanto, el sistema experto podría aplicarse en empresas de cualquier rubro que tengan servicios tecnológicos, cuyo fin permita identificar el estado actual del servicio y su posible mejora en el tiempo.

*Palabras Clave*: Gestión de servicios de TI, CommonKADS, Scrum, ITIL y Sistema experto.

**Resumo**

Na empresa, identificou-se que o nível de maturidade, em relação à implementação dos sistemas, é inconclusivo, há pouca confiança, baixo nível de eficiência e os tempos excedem o estipulado. A esse respeito, o objetivo da presente investigação foi demonstrar que o sistema especialista melhora significativamente o tempo médio, os níveis de confiabilidade e a eficiência nas avaliações dos níveis de maturidade no gerenciamento de serviços de TI da empresa Sions. A construção do sistema foi realizada sob a sinergia da metodologia CommonKADS e SCRUM para dois aspectos relevantes, que foram a construção do conhecimento e o monitoramento do projeto.

A metodologia utilizada baseia-se na abordagem quantitativa, pois a mensuração da variável foi realizada através dos números que corresponderam a tempo, confiabilidade e eficiência. Da mesma forma, duas metodologias foram aplicadas para o design do sistema e, para alcançar resultados que evidenciam a melhoria da situação, o design era preexperimental, porque se trabalhava com um único grupo, a população era composta por 16 avaliações de empresas de tecnologia no Peru.

Os resultados mostraram que o sistema especialista melhorou o tempo médio na avaliação dos níveis de maturidade em 585%, em comparação com o sistema tradicional. Dessa forma, os níveis de confiabilidade melhoraram 98% e a eficiência, 113%, a capacidade de resposta, a qualidade do serviço e a disponibilidade funcional nas avaliações do gerenciamento tecnológico. Ficou evidente que os processos das fases de gerenciamento de serviços, como design, estratégia, transição, operação e melhoria contínua, beneficiam-se com a diminuição de tempos, custos e aumento de sua funcionalidade para empresas que possuem serviços tecnológicos como parte da estratégia de negócios. Portanto, o sistema especialista pode ser aplicado em empresas de qualquer categoria que possuam serviços tecnológicos, cuja finalidade permita identificar o estado atual do serviço e sua possível melhoria ao longo do tempo.

*Palavras chave*: Gerenciamento de Serviços de TI, CommonKADS, Scrum, ITIL e sistema Expert.

**Abstract**

In the company it was identified that the level of maturity, in relation to the implementation of the systems, is inconclusive, there is little confidence, low level of efficiency, and the times exceed what is stipulated. In this regard, the objective of the present investigation was to demonstrate that the expert system significantly improves the average time, reliability levels and efficiency in evaluations of maturity levels in the management of IT services of the company Sions. The construction of the system was carried out under the synergy of the CommonKADS and SCRUM methodology for two relevant aspects, which was the construction of knowledge and the monitoring of the project.

The methodology used is based on the quantitative approach because the measurement of the variable was carried out through the numbers that corresponded to time, reliability and efficiency. Likewise, two methodologies were applied for the design of the system and to achieve results that evidenced the improvement of the situation, the design was preexperimental in view that it was worked with a single group, the population was formed by 16 evaluations of technological companies in Peru.

The results showed that the expert system improved the average time in the evaluation of maturity levels by 585%, compared to the traditional system. In this way, the reliability levels improved by 98% and the efficiency by 113% the response capacity, the quality of the service and the functional availability in the evaluations of the technological management. It was evident that the processes of the service management phase such as design, strategy, transition, operation and continuous improvement benefit by decreasing times, costs and increasing its functionality for companies that have technological services as part of the business strategy. Therefore, the expert system could be applied in companies of any category that have technological services, whose purpose allows to identify the current state of the service and its possible improvement over time.

*Keywords*: IT service management, CommonKADS, Scrum, ITIL and Expert system.

# I. Introducción

En la actualidad, los avances tecnológicos se han expandido y diversificado a nivel mundial, por ser el eje de las múltiples oportunidades que benefician a las personas y empresas en general, aunque nuestra participación como actores indirectos no sea lo suficiente. Las tecnologías son cambiantes, extensas y diversas, motivo por el cual se requiere del esfuerzo, análisis, comprensión y evaluación de la población, porque están transformando realidades (economía, costumbres, negocios, estudiantes, empresarios, especialistas y procesos) que permite mejorar el aspecto laboral y el futuro cercano de la población (Surdak, 2018; Sacolick, 2017). En este sentido, la gestión de los servicios de TI denominada también GSTI, resulta ser un eje importante como parte del control, seguimiento y utilización de las mejores prácticas en beneficio de la transformación digital. Según Axelos (2019) el 70% de profesionales de esta área sostuvieron que las organizaciones han trazado sus estrategias alineadas a los cambios tecnológicos, pero sin un sentido sincerado de su evolución. Es decir, al implementar las nuevas tecnologías no se tiene claro el nivel de madurez de las compañías y no conocen el camino a seguir para lograr el crecimiento sostenible, en este sentido según los datos obtenidos en un estudio, el 61% de profesionales reconocieron la importancia de alinear los objetivos estratégicos de las empresas con los servicios tecnológicos del negocio (Lifeder, 2018).

Roeder (2018); ClydeBank (2017); y Mohan (2016) refirieron que las mediciones y establecimiento de los estándares para las nuevas tecnológicas fueron de gran importancia, más aún para la gestión de servicios de TI. Es decir, brindan las reglas, estándares, políticas, evalúan los niveles de madurez y ejecutan las mejores prácticas, considerando la ejecución de la inteligencia artificial que es brindada como un nuevo servicio para la cartera de tecnologías de información.

Meléndez y Dávila (2017); Medina y Rico (2016); y Mesquida, Mas y Amengual (2016) sostuvieron que las organizaciones deben implementar el mejoramiento continuo en los procesos tecnológicos, el cual nos va a garantizar la eficiencia, siempre y cuando apliquen mediciones para identificar los niveles de madurez en los procesos tecnológicos de acuerdo con el modelo implementado, para la primordial relación entre servicio y negocio. Asimismo, Overton y Dixon (2019); y Cuneo (2019) reconocieron la importancia de evaluar los niveles de madurez de los servicios de TI en las organizaciones públicas o privadas, con el fin de dar a conocer el estado situacional y la calidad de sus procesos en la organización en base a la puesta en marcha de los procesos básicos para la gestión de servicios, considerando la importancia de la transformación digital.

A nivel nacional tenemos el aporte de diversos autores que abordaron en su investigación la problemática sobre la gestión de servicios de TI, entre ellos tenemos a López y Schuler (2017); y Vásquez (2017) reforzaron la importancia de utilizar los diversos sistemas para mejorar la calidad, eficiencia, disponibilidad, rendimiento y confiabilidad al momento de la implementación, operación y evaluación de los servicios tecnológicos. Para ello nos recomienda utilizar las buenas prácticas de ITIL y CMMI en los procesos de la organización, con el propósito de generar valor, orden y calidad de servicio. Asimismo, Cruz y Lévano (2017); y Vásquez (2017) reafirmaron que las empresas al tener gran dependencia de las tecnologías de información tienen la obligación de fomentar la evolución de sus procesos y servicios, con el objetivo de darle valor a la empresa, mediante la explotación de los datos, integración de servicios y mejoramiento de sus procesos de servicios. Por lo tanto, se recomienda que todo proceso que genere impacto a la organización, este sea evaluado mediante las mejores prácticas del mercado para conocer el estado actual de sus procesos de servicios de TI.

Siongs Global Solution, es una empresa dedicada al servicio de tecnologías informáticas en su modalidad de outsourcing y cuenta con especialistas para la entrega de valor y servicio del área de tecnología, el cual pertenece al gobierno de TI. El área de gobierno presenta diversos problemas que no generan valor a la organización. Revisando el GAP de análisis perteneciente al área de gobierno de TI, se verificaron los siguientes problemas: (a) evaluaciones incompletas en los procesos críticos del servicio de tecnologías informáticas, debido a la falta de experiencia de los evaluadores; (b) bajo nivel de eficiencia y demora en la entrega de los niveles de madurez para los niveles de transición, diseño y operación; (c) niveles de madurez inexactos que poseen una baja confiabilidad; (d) incumplimiento de la alineación de los procesos con las áreas estratégicas del negocio; (e) bajo nivel de confiabilidad en los resultados y planes de acción para mejorar los niveles de madurez; (f) la organización no implementa las evaluaciones de nivel de madurez por tener costos elevados; y (g) la organización no invierte en capacitar al área de gestión de servicios sobre las nuevas versiones de las mejores prácticas de TI. Los problemas indicados están asociados al bajo control de las fases y procesos de los diferentes servicios de TI con los que cuenta la organización (Páez, Rohvein, Paravie y Jaureguiberry, 2018; Vásquez, 2017).

A continuación, se planteó la formulación del problema de investigación y los problemas específicos. El problema de investigación: ¿En qué medida un sistema experto mejora la GSTI en la empresa Sion Global Solution? Los problemas específicos son los siguientes: (a) primer problema específico: ¿En qué medida un sistema experto mejora el tiempo de evaluación del modelo de madurez para la GSTI en la empresa Sion Global Solution?; (b) segundo problema específico: ¿En qué medida un sistema experto mejora la confiabilidad en los modelos de madurez para la GSTI en la empresa Sion Global Solution?; y (c) tercer problema específico: ¿En qué medida un sistema experto mejora la eficiencia en los modelos de madurez para la GSTI en la empresa Sion Global Solution?.

Dobbins y Rov (2018); y Merchán (2017) afirmaron, que la gestión de servicios de TI debe ser guiada y aplicada con las mejores prácticas del mercado, utilizando la metodología ITIL o ISO/IEC 20000, la cual brindará los diagnósticos para todos los procesos de TI y así brindar la receta en alto nivel para poder tener claro el nivel de madurez, correspondiente para el diseño, operación y transición de los servicios de TI. Asimismo, Lima, Silva y Almeida (2017); y Lia (2014) confirmaron, que aplicando las mejores prácticas de ITIL se puede evidenciar que se obtiene mejoras al implementar políticas en la gestión de servicios, consiguiendo una mejora en la confiabilidad, disponibilidad y eficiencia en los servicios operacionales de la gestión de TI. Quintero y Peña (2017) en su investigación denominada (Modelo basado en ITIL para la Gestión de los Servicios de TI en la Cooperativa de Caficultores de Manizales) evidenciaron, el incrementó de la calidad y el nivel de eficiencia en un 60% para los servicios operacionales, asegurando el aumento de la confiabilidad en la determinación del estado actual de la organización.

Tanovic y Mastorakis (2016) en su investigación denominada (Advantage of using Service Desk Management Systems in real organizations) afirmaron que, al utilizar un sistema inteligente basado en la gestión, se consiguió mejorar los tiempos de los servicios en un 35.68% a diferencia del sistema tradicional, motivo por el cual lograron incrementar la calidad en los servicios tecnológicos. En el mismo contexto, los autores como Scheruhn, Reinboth y Habel (2018) propusieron el uso de un modelo o sistema inteligente que permita autoevaluar los procesos de la GSTI basadas en la metodología ITIL. Teniendo en cuenta que las organizaciones carecen de presupuestos para implementar y alinear los procesos de tecnologías con la estrategia del negocio. Es por ello, que en sus investigaciones abordaron la implementación de herramientas que mejoren estos procesos, generando confiabilidad, eficiencia, calidad, disponibilidad, reducción de costos y rapidez para identificar las falencias, y así tener un proceso maduro en el tiempo.

Yandri, Nugeraha y Zahra (2019) en su investigación denominada (Evaluation Model for the Implementation of Information Technology Service Management using Fuzzy ITIL), mejoraron la confiabilidad en un 40% y la determinación de los niveles de madurez en un 75% de forma considerable. Generando así, un incremento de los niveles de calidad, confiabilidad y usabilidad en los modelos de evaluación mediante un sistema experto. Jäntti y Cater (2017) validaron en su investigación, la utilización de una herramienta basada en ITIL, denominada ProactiveNet el cual, tiene funcionalidades para evaluar la confiabilidad, disponibilidad, eficiencia, usabilidad y calidad como parte de las actividades operacionales de ITIL. Mejorando la gestión de los servicios tecnológicos en un 45% debido a la automatización integral de todos los procesos tecnológicos. Por otro lado, Albeti y Souza (2015) en su investigación denominada (Information Technology service management processes maturity in the Brazilian federal direct administration) confirmaron, que al utilizar las herramientas basada en ITIL, se consigue mejorar los niveles de madurez en un 40% para la gestión de incidentes que corresponden a la fase de operación del servicio de ITIL a diferencias de los procesos de la fase de transición y mejora continua. Todo ello, es debido a los problemas que presenta la entidad federal, porque carecen de personal, recursos tecnológicos y compromiso para afrontar la demanda actual de los servicios.

En las investigaciones de Cantabella (2018); Icarte (2016); Vilcahuamán (2016) y Flores (2016) evidenciaron, la importancia de emplear la inteligencia artificial y los sistemas inteligentes, porque mejoraron los procesos tecnológicos en las organizaciones. Estos sistemas interpretan el conocimiento de un experto, la cual ha sido ingresada en la lógica de programación del sistema para predecir el comportamiento. Scheruhn, Reinboth, y Habel (2018) utilizaron los modelos inteligentes basado en ITIL para la optimización de los procesos del centro informático de la Universidad Harz, y las conclusiones reportaron que, mediante el uso de un sistema inteligente, se logró mejorar considerablemente en un 60% los procesos gestores de requerimientos, incidentes, cambios y problemas. Asimismo, permitió identificar las falencias y conocer el estado actual basado en los procesos de la GSTI.

En el mismo contexto, se exponen las diferentes teorías mediante el aporte de varios académicos como De la Peña y Velázquez (2018); Juiña, Cabrera, y Reina (2017); Torres Hernández (2014); Chiavenato (2006); y Von Bertalanffy (1968) cuyos aportes dan soporte como una base generalizada a las variables de la presente investigación. Entre estas teorías tenemos: (a) la teoría del enfoque sistémico de la administración, que sostiene que los sistemas deben estar comprendidos como un todo y relacionado desde el mínimo al máximo nivel; (b) la teoría general de sistemas, refiere que todos los elementos tienen una función y característica que se complementa con los otros componentes, su objetivo es unificar, integrar y relacionar los diversos organismos; (c) la teoría situacional o de contingencia, que tiene como característica ser holística, a su vez presentan un comportamiento relacional funcional, es por ello en la presente investigación se puede plasmar el uso de los niveles de madurez que forman parte de los procesos de la gestión de TI, que poseen una integración con los demás procesos, teniendo en cuenta la mejora continua. Esta investigación se enfoca principalmente en la teoría de sistemas. El padre de la teoría de sistemas Von Bertalanffy (1968) sostuvo que la teoría de sistemas busca unir, juntar, integrar y relacionar los diversos organismos, componentes para la comprensión holística de funcionalidad.

En resumen, la teoría de sistemas conceptualiza los distintos fenómenos en un enfoque globalizado, consiguiendo la integración e interrelación entre sus componentes. De la Peña y Velázquez (2018) sostuvieron, que la teoría general de sistemas desde un enfoque organizacional se comprende como un conjunto de objetos que se encuentran interconectados entre todos sus componentes, a su vez tienen un objetivo en común que se efectúa en diferentes áreas de estudio. Por tal motivo, la presente investigación está estrechamente vinculada con la aplicación de los sistemas expertos que son evoluciones de la teoría de sistemas y que comparten todas sus características que se integran a diferentes soluciones tecnologías.

La teoría de sistemas es el soporte y base general de las variables de investigación. Por el cual, se procede a realizar una revisión de los conceptos y tipos de las variables dependientes e independientes, con el objetivo de brindar un soporte mediante el aporte de diferentes autores, que a su vez nos servirá como marco teórico.

Puri (2018); Skillsoff (2018); Calle, Cornejo y Pesántez (2018); Campos, Valente y Veras (2018); Sousa y Oz (2017); y Steinberg (2015) concluyeron, que los sistemas expertos son parte importante dentro de la inteligencia artificial. Por lo tanto, son sistemas o herramientas informáticas que simulan el comportamiento, habilidad, conocimiento, y la experiencia del experto humano, el cual abarca un dominio en específico. Makridakis (2018); Kornienko, Fofanov y Chubik (2015) y Klashanov (2016) refirieron, que los sistemas expertos son herramientas tecnológicas que permiten procesar, memorizar, aprender y razonar sobre las casuísticas para poder resolver los problemas que asociado a internet se tendrá ventajas significativas para asumir nuevos riesgos empresariales. Asimismo, Mathivet (2018) y Lloret (2018) reafirmaron, que los sistemas expertos son herramientas tecnológicas que no solo utilizan el conocimiento del experto, sino también se encarga de aprender y almacenar este nuevo conocimiento, para que sea aplicado por los nuevos aprendices quienes podrán determinar o tomar decisiones en base a los resultados obtenidos, de acuerdo con las características, componentes y tipos que presentan.

Giarratano y Relay (2001) señalaron, que todo sistema experto debe tener como características: (a) la confiabilidad y eficiencia, que permitirán garantizar la idoneidad de los resultados del sistema experto; (b) perfomance y entrega oportuna, es decir las respuestas deben ser agiles y de buena calidad; (c) flexible y entendible, es decir puede visualizarse en diferentes entornos tecnológicos, soportando la cantidad de conocimiento; (d) menor tiempo y costo reducido, es decir al automatizar el conocimiento del experto en el sistema, este se vuelve de fácil uso, y con un menor tiempo de respuesta.

Oniyilo (2016); Baltzan, Fisher y Lynch (2015); y Pino, Gómez y de Abajo (2001) sostuvieron, que la estructura de un sistema experto está compuesto por lo siguiente: (a) motor de inferencia, es el encargado del razonamiento, además de seleccionar correctamente las reglas según la interacción del usuario final; (b) base de conocimiento, es la encargada de centralizar la experiencia del experto humano a través de la lógica del sistema; (c) base de hechos, encargada de almacenar temporalmente los resultados obtenidos del proceso de evaluación. Estos componentes de los sistemas expertos se diferencias dependiendo del tipo de sistema de experto a utilizar.

Los sistemas expertos al ser parte de la revolución digital tienden a evolucionar con el transcurrir del tiempo y de las nuevas propuestas del mercado tecnológico. Es por ello, se puede identificar varios tipos de sistemas expertos según el aporte académico de los siguientes autores como: Makridakis (2018); y Klashanov (2016) afirmaron, que los tipos de sistemas expertos están conformados de la siguiente manera: (a) basada en reglas condicionales; (b) basada en casos; (c) lógica difusa; y (d) redes neuronales. Al revisar la propuesta de cada uno de los autores, se validó que existe un nivel de complejidad al momento de seleccionar el tipo de sistema experto, debido a que se tiene que validar cuál de todos se alinea mejor a la propuesta de solución y la estrategia de negocio.

Meléndez y Dávila (2017); y England (2008) sostuvieron, que la GSTI es la encargada de gestionar los procesos tecnológicos con calidad, eficiencia, confiabilidad de acuerdo con el requerimiento del negocio, para ello, se apoya en los siguientes componentes: (a) personas; (b) procesos; (c) tecnología; e (d) información. Atlassian (2019); e IBM (2018) confirmaron que existen tres componentes críticos para que la GSTI pueda crecer y madurar en el entorno de la organización, estos componentes son: (a) las personas; (b) tecnologías; y (c) procesos, cuyo fin es el alineamiento estratégico con las tecnologías de la información.

La GSTI al ser implementada correctamente, se busca que brinden valor a la organización, para ello, se aplica servicios de calidad, eficiencia y confiabilidad en todos los procesos de TI. Rivera, (2019); Dobbins y Rov (2018); TSO (2017); y Keel y Hodges (2015) sostuvieron, que la gestión de servicios de tecnologías informáticas son servicios que satisfacen las necesidades del negocio, el cual es realizado por los proveedores de servicios de TI mediante el uso de tecnologías, personas y procesos, el cual tiene que ser medido por un especialista. Asimismo, considerando la aplicación de las buenas prácticas tecnológicas para la GSTI el cual está conformado por las cinco fases que contienen un conjunto de procesos, a todo ello se denomina ciclo de vida de ITIL.

Rivera (2019); Krishna (2018); Baud (2016); y Persse (2012) confirmaron, que ITIL es el conjunto de las mejores prácticas basadas en la experiencia y la correcta aplicación en la administración de las principales organizaciones de servicio de tecnologías de información. ITIL utiliza los conceptos, procesos, experiencias, buenas prácticas y el mejor esfuerzo de los líderes de la industria de la informática, por tal motivo para conseguir el éxito es necesario alinear los procesos y servicios tecnológicos a la estrategia de la organización. STI (2014) y Molina (2014) reafirmaron, que ITIL es el enfoque universal para la correcta gestión, transformación digital y crecimiento de los servicios tecnológicos, el cual se alinea a los procesos, personas y tecnologías con la estrategia del negocio.

La metodología ITIL, está conformada por un conjunto de fases que engloban el ciclo de vida de la GSTI. Axelos (2019); Exin (2017); Finardi y Mayer (2016); y Baud (2016) confirmaron, que el ciclo de vida está compuesto por: (a) estrategia; (b) diseño; (c) transición; (d) operación; y (e) la mejora continua. Para la presente investigación se revisaron los procesos más importantes, que actualmente son implementados en las grandes compañías peruanas de tecnologías de TI. Rodríguez, López y Espinoza (2018); y Callejas, Alarcón y Álvarez (2017) reafirmaron que los procesos más importantes corresponden a la fase del servicio de transición y operación, que consta de los siguientes procesos: (a) gestión de incidentes; (b) problemas; (c) disponibilidad del servicio; (d) cambios; (e) eventos; (f) configuración; (g) entrega y despliegue; y (h) capacidad. Cruz y Lévano (2017) confirmaron que las empresas de tecnologías informáticas adoptan nuevas estrategias durante su proceso de aprendizaje y el cálculo de los niveles de madurez de la gestión de su servicio. Pero también, es necesario que se aplique a los procesos interrelaciónales, para que pueda cerrar el círculo de calidad del servicio.

Axelos (2019); y Exin (2017) corroboraron, que la fase de estrategia está integrada por los siguientes procesos: (a) gestión de la demanda: cuyo aporte analizar la demanda y realizar el dimensionamiento de los servicios van a crecer en determinado tiempo, para proveer la capacidad instalada y futura; (b) gestión financiera: es la responsable de verificar su financiación, contabilizar, presupuestar en base a la integración de servicio y estrategias del negocio; (c) gestión de las relaciones con el negocio: este proceso es la encargada de mapear los nuevos servicios que requiere la organización y de velar por la satisfacción de los clientes y proveedores; (d) gestión de la estrategia: es la encargada de generar, evaluar, ejecutar y medir las estrategias que se van a implementar en la organización, considerando como es el crecimiento de los procesos en base a los niveles de madurez; y (e) gestión del portafolio de servicios: responsable de gestionar correctamente el listado de servicios actuales y próximos a incorporarse en la organización, según la validación de seguridad, fuera de soporte de las aplicaciones y equipos informáticos. El proceso principal que se interrelaciona con los demás procesos es la gestión del portafolio de servicio, motivo por el cual es necesario que las organizaciones los consideren como parte de su estrategia de TI, para poder alinear procesos, actividades que permitirán tener servicios de calidad a l momento de entrega al usuario final.

ClydeBank (2017); Gómez (2014); Axelos (2019); y Jan (2008) revalidaron, que la fase de diseño comprende los procesos como: (a) la gestión de los suministradores: se encargan de tener un listado actualizado de los proveedores aptos y confiables para la compra y entrega de productos, asimismo se encarga por velar por tener mapeado los contratos y medir el desempeño durante un determinado tiempo; (b) la gestión del catálogo del servicio: encargada listar y actualizar los servicios idóneos que permitan generar confiabilidad, eficiencia y tiempo de respuesta al momento de hacer entrega al usuario final. Para ellos deberá tener claro que servicios son los más críticos y de menor importancia, para que se ejecute por las empresas de outsourcing; (c) niveles de servicio: se encargada de presentar el cumplimiento de los servicios por parte de los proveedores con los usuarios finales, para ello considera en sus tareas, realizar mediciones que permitan controlar la entrega eficiente de sus servicios, brindando un valor agregado. En resumen, se puede considerar tener métricas, KPIs, SLO, SLA y KCO para todos los servicios que se estimen necesarios; (d) coordinación del diseño: es el proceso que define, revisa, coordina, gestionar y mejora la distribución de los procesos alineado a la operación del servicio; (e) gestión de la disponibilidad: forma parte de los procesos principales del negocio, debido a que en este proceso, se mencionan todas aplicaciones y sistemas críticos que deberán estar activos en el ecosistema informático, que tiene como característica, velar por un funcionamiento ininterrumpido. Para ello se aplica el uso de cumplimiento de KPIs y SLAs para garantizar con éxito la operación de los servicios de TI; (f) capacidad: comprende la planificación y predicción de qué servicios o equipos de infraestructura se va a requerir con una proyección de 6 meses. Es decir, es la encargada de velar que el crecimiento de la organización sea ordenada y planificada; y (g) seguridad de la información: consiste en mantener, velar, cuidar y proteger los activos lógicos y físicos de la organización por parte de extraños.

Cuneo (2019); Axelos (2019); Finardi y Mayer (2016) corroboraron, que la fase de transición está conformada por los siguientes procesos: (a) la gestión del cambio: es la encarga de velar y llevar un registro de todas las actividades que representaran una modificación en las aplicaciones y equipos informáticos. Estas modificaciones al ser un cambio deberán ser anunciadas por todas las áreas involucradas para que evalúen si es factible o no lo solicitado. Es decir, este proceso, lleva un registro de control de todo los cambios aprobados, los cuales se ejecutan y planifican con semanas de anticipación; (b) proceso de planificación y soporte: encargada de planificar de forma periódica las ventanas de trabajo, brindar políticas de los cambios, establecer los formatos que se utilizaran y coordinaran que todos los procesos que se interrelacionan con el proceso de cambio, estén presentes e informados sobre las próximas reuniones de colaboración, denominado comité de cambios; (c) gestión de la configuración: es la encargada de plasmar y brindar la línea base del software de todos los equipos informáticos, así como también, de la homologación del hardware. Todo esto permitirá que en futuras compras o cambios, se consideren estos puntos de control, para no ver afectado el servicio de TI; (d) gestión de la validación y pruebas: es el proceso encargado de realizar las pruebas a todas las aplicaciones que van a pasar por el comité de cambios, todo ello permite, tener un control de calidad antes de que un aplicativo o equipos forme parte del ambiente productivo y operacional; (e) gestión de la entrega y el despliegue: es la encarga de ejecutar a demanda los pases de aplicación o infraestructura, una vez que hayan pasado por el control de pruebas y validación, con el objetivo, de que todo trabajo quede  documentado, así la ejecución sea no favorable; y (f) gestión del conocimiento: este proceso es la encarga de reservar, guardar y presentar todas las documentaciones que son parte de la actividades diarias, de incidentes y problemas, con el fin de tener documentado cualquier inconveniente para su pronta solución por parte de los especialistas.

Mora, Castillo, Muños y Salas (2018) confirmaron, que el servicio de operación está formado por los siguientes procesos: (a) la gestión de accesos: el cual consiste en tener registrado el acceso de todo el personal informático y la gestión que labora en la organización, incluyendo los colaboradores externos, quienes interactúan con los sistemas, aplicaciones y canales del negocio. El objetivo del proceso es custodiar los accesos a las distintas aplicaciones en base a una matriz de roles; (b) la gestión de las funciones asociadas: es la encargada de gestionar las matrices de roles en función a las áreas del servicio y las aplicaciones del negocio. Es por ello, la importancia de tener claro, la función de cada rol que desempeña cada empleado a nivel operativo; (c) la gestión de peticiones: es la encargada de registrar todos los pedidos y validar si estas no generen sobrecosto al ser solicitadas por el empleado o colaborador. Asimismo, realiza el seguimiento de todas las peticiones, hasta que esta culmine y sea atendido con éxito; (d) la gestión de eventos: es el área que define que se debe alertar y categorizarlo según su criticidad e impacto. Con ello, se generan los tiques de incidentes o problemas, para su atención durante el tiempo establecido. Asimismo, está a cargo de velar por el inventario de alertas a nivel de software y hardware, el cual cumple un patrón definido, para que sea atendido correctamente por el centro de soporte de primer nivel; (e) gestión de incidentes: este proceso es el más utilizado por que depende de ello, para que el servicio de operación no sea impactado, mientras dure la solución a los incidentes. Su función es de hacer seguimiento desde que empieza y se cierra el tique de incidente. En caso, no pueda ser solucionado, puede convertirse en un problema; y (f) gestión de problemas: este proceso se activa cuando un incidente no ha podido ser resuelto por los especialistas, por el cual, requieren mayor análisis, y el gestor de problema es la persona idónea, para derivar el caso a instancias superiores, para su resolución.

Servitonic (2019); Krishna (2018); Roeder (2018) y Baud (2016) validaron, que el proceso de mejora está conformado por 7 componentes: (a) identificación de la mejor estrategia; (b) definición de os que deberíamos medir; (c) obtener o recopilar la información relevante; (d) resolver la información; (e) análisis; (f) presentación validada; y (g) aplicar e implementar la mejora. Según Páez, Rohvein, Paravie y Jaureguiberry (2018); Cruz y Lévano (2017); y Merchán (2017) verificaron que, en la fase de mejora continua se procede a realizar las evaluaciones de los distintos procesos que tenga implementado la organización, para conocer su estado actual, y donde quiere llegar en el corto o mediano plazo.

Klashanov (2016); y Ruiz (2010) afirmaron, que las justificaciones son el sustento y las razones de efectuarse una investigación, el cual contiene las siguientes relevancias: (a) metodológica; (b) teórica; y (c) practica. Justificación metodológica: porque beneficia considerablemente la gestión de los servicios de TI, dado que va a permitir la reducción de tiempos de evaluación, eficiencia y confiabilidad en los niveles de madurez de la metodología ITIL como parte del desarrollo de la GSTI.

Por su valor teórico; porque radica en comprender el aporte científico mediante la aplicación de un sistema experto sobre los procesos de madurez en la gestión de todos los servicios tecnológicos. Asimismo, por que, mediante la aplicación de las variables de estudio, se procede a generar nuevas contribuciones en tecnología.

Por sus implicancias practicas: porque el sistema experto permitirá mejorar las evaluaciones de los niveles de madurez de ITIL, aplicado a los procesos de tecnológica y validando lo basado en la experiencia usuaria. En el mismo contexto López y Schuler (2017) sostuvieron, que la metodología ITIL está basada en las mejores prácticas a nivel mundial en GSTI, mediante el aporte procesos, políticas, flujogramas, herramientas, evaluaciones para la maduración de sus procesos de TI.

Con respecto a la definición operacional, se contempló las tareas y actividades que permitió medir las variables independiente y dependiente: (a) sistema experto: para su medición se utilizó las fichas de observaciones y el cronometro, considerando una escala de medición de razón, obtenidas en minutos para las 16 evaluaciones para las dimensiones tiempos, confiabilidad y eficiencia; (b) gestión de servicios de TI: Se contempló las fichas de observación, con una escala medible de razón, considerando el tiempo en minutos, para las evaluaciones del ciclo de vida de ITIL en la gestión de servicio de TI, considerando las dimensiones confiabilidad, disponibilidad, eficiencia y eficacia. Ver anexo 13.

Por último, se plantea los objetivos de la investigación que consiste en: Demostrar en qué medida un sistema experto mejora la GSTI en la empresa Sion Global Solution. Los objetivos específicos son los siguientes: primer objetivo específico: (a) demostrar en qué medida un sistema experto mejora el tiempo de evaluación de la fase de los servicios de diseño, transición y operación de la GSTI en la empresa Sion Global Solution; (b) segundo objetivo específico: demostrar en qué medida un sistema experto mejora la confiabilidad en la evaluación de la fase de los servicios de diseño, transición y operación de la GSTI en la empresa Sion Global Solution; y (c) tercer objetivo específico: demostrar en qué medida un sistema experto mejora la eficiencia en la evaluación de la fase de los servicios de diseño, transición y operación de la GSTI en la empresa Sion Global Solution.

## II.  Método

### 2.1  Tipo de estudio de investigación

Dzul (2019); Eumed (2019); Hernández, y otros (2018); Hercelinskyj y Louise (2018); Hemerijck (2017); y Rodríguez (2017) confirmaron, que los enfoques de la investigación científica son tres: (a) enfoque cuantitativo: este enfoque es objetivo y presenta diversas características como la contrastación de las hipótesis, presenta datos de origen confiable, utilizan instrumentos estandarizados para su recolección de datos, describe sus variables según la finalidad del análisis y presenta control de los fenómenos, y por último necesita realizar mediciones mediante el uso estadístico; (b) enfoque cualitativo; tiene la particularidad de ser subjetiva y se diferencia al brindar datos profundos y enriquecedores, no utiliza instrumentos preestablecidos debido al nivel de detalle o profundidad de la investigación, y utiliza la comprensión de las personas y su contexto; y (c) enfoque mixto: utiliza una visión holística de la realidad al combinar los enfoque cuantitativos y cualitativos, los diseños que utilizan se basan en la triangulación de las fuentes, para dar sustento enriquecedor en la investigación.

De acuerdo con el aporte de los siguientes autores como Lifeder (2018); Hernández, Fernández y Baptista (2014); y Bernal (2006), la investigación del tipo aplicada está orientada a resolver problemas, trasladando la inquietud de la teoría a la práctica para completar su resolución. Para ello contempla dentro de sus actividades la evaluación, comparación, determinación y resolución de los distintos problemas, haciendo uso de las variables de investigación. Supo (2014); Sánchez, Reyes y Mejía (2018) sostuvieron que la investigación del nivel aplicada tiene una estrecha vinculación con la investigación del tipo básica, debido a la dependencia del descubrimiento y sus aportes, los cuales permitirán madurar los términos a emplear en la investigación.

Referente al diseño de investigación, los autores como Solíz (2019); Supo (2014); Monje (2011); y Pino (2010) sostuvieron, que las investigaciones científicas se presentan en dos tipos: (a) experimentales y (b) no experimentales o llamadas también excluyentes. Por lo tanto, en la investigación se empleó el tipo de investigación experimental, debido a la manipulación intencional de las variables con el objetivo de conocer su reacción ante el efecto aplicado.

Monje (2011) afirmó que los tipos de diseño de investigación para una investigación de enfoque cuantitativo son: (a) experimental: porque se va manipular las variables de estudio para conocer su efecto sobre sus variables, además se divide en tres premisas como: pre experimental por tener un mínimo de control sobre sus variables de investigación, cuasi experimental que hacen uso de un mayor grado de control y se caracteriza por tener grupos establecidos, y experimento puro que utilizan una validación interna con grupos de comparación, y (b) no experimental: que se componen de dos premisas: transversales por hacer uso de los datos del momento y longitudinales por tener información de diferentes tiempos para su análisis y comprensión de sus variables.

El método hipotético deductivo, inicia desde un concepto generalizado que está formado por normas, reglas, leyes, teorías e hipótesis y trata de llegar a punto en particular en específico, es decir a punto granular. Es por ello, que se optó por la investigación con enfoque cuantitativo, del tipo aplicada, con un tipo de diseño experimental, utilizando el método hipotético deductivo. En la investigación se utilizó el diseño preexperimental como se aprecia en la figura 1, donde a un grupo se le realizó la prueba pre-test con el sistema tradicional sin utilizar el sistema experto. Luego se realizó el post-test utilizando el sistema experto de gestión de TI dentro de las instalaciones de la empresa SION Global Solution.

Figura 1. Diseño preexperimental

Los componentes son $G_1$: denominada al grupo de 16 empresas tecnológicas; componente $O_1$: corresponde a la prueba pre-test sin aplicar el tratamiento; componente X: corresponde al tratamiento de implementar el sistema experto; componente $O_2$: es el post-test haciendo uso del sistema experto.

## 2.2 Población, muestra y muestreo

Rodríguez (2017) sostuvo que la población se agrupa en un conjunto de objetos, elementos, componentes, ideas, documentos, registros, evaluaciones y acontecimientos que contienen un conjunto variado de características que son propias de una investigación.

Solíz (2019) refirió que la población está compuesta de diferentes objetos de estudio, el cual, debe ser finita o infinita. Además de poseer características particulares que identifiquen y clarifique todo el proceso de una correcta investigación como: tiempo, lugar, espacio y tamaño. En la presente investigación, se consideró como parte de la población: Las 16 evaluaciones de la gestión de servicios de TI, correspondientes a los meses de mayo, junio y julio del 2019, en la empresa SION Global Solution.

Gómez (2012) sostuvo que la muestra es una proporción fiable y valida de la población, que nos permite tener los sujetos u objetos que garanticen de forma proporcional la población total de estudio. Asimismo, Cañadas y Concepción (2018) sostuvieron que el investigador, tiene la potestad y libertad de seleccionar una muestra de la población y plasmarla en la investigación, de lo contrario puede hacer uso del total de la población. Ante esta premisa, se optó por utilizar toda la población como muestra de estudio, el cual está compuesta por 16 evaluaciones de la gestión de TI de la empresa SION Global Solution.

## 2.3 Técnicas e instrumentos de recolección de datos

Flores y Mendivel (2019); Guillen y Valderrama (2015); y Gómez (2012) confirmaron la importancia de utilizar los instrumentos y técnicas de investigación. Con relación a las técnicas de investigación tenemos el cuestionario, la entrevista y la observación cuyo objetivo es recopilar, ordenar y consolidar la data de las variables de estudio según el entorno establecido en la población.

La técnica utilizada en el presente estudio es la observación, porque permite obtener y registrar la información sobre un hecho específico si intervención del participante que representa al investigador. Es decir, tiene como finalidad recopilar información con solo observar los puntos a considerar en su medición para la obtención de los tiempos, niveles de eficiencia y la confiabilidad en todo el proceso de evaluación tanto en el pre-test y post-test.

El primer instrumento utilizado corresponde a la ficha de observación, que permite recopilar y registrar los sucesos o hechos observados, sin interrogar a los individuos involucrados, con el propósito de fundamentar de forma explícita la observación en la evaluación de los niveles de madurez de la gestión de servicios de TI, tanto en el pre y Post-Test. El segundo instrumento utilizado corresponde al uso del cronometro para poder tomar medida de los tiempos iniciales y finales en la evaluación de los niveles de madurez para todos los procesos de gestión de TI.

## 2.4 Validación y confiabilidad del instrumento

Hemerijck (2017) sostuvo, que la validez de los instrumentos utilizados para la recolección de datos es realizada mediante la evaluación de los expertos, con la finalidad de validar si el documento tiene relevancia, coherencia y claridad en su contenido. Con respecto a la confiabilidad del instrumento, reitera que la finalidad es buscar la data consistente para luego diferenciar los valores entre uno y otro. Para el presente estudio se utilizó pruebas piloto en el área de gobierno de tecnologías de la empresa Sion Global Solution, para ello se utilizó

16 evaluaciones de nivel de madurez de la GSTI, donde se evidencio las dimensiones eficiencia, tiempo y confiabilidad.

Para ello, se realizó el siguiente procedimiento de recolección de datos: (a) identificación de las fuentes: estos datos fueron brindados por el especialista en ITIL de la empresa Sion Global Solution; (b) localización de las fuentes: es obtenida por las 16 evaluaciones a las empresas del sector de TI, el cual se aplicó en el mes de mayo, junio y julio del 2019; (c) las técnicas e instrumentos: se aplicó la observación como técnica y las fichas de observación y cronometro como parte de los instrumentos; y (d) presentación de la recopilación de datos.

Los resultados se presentaron mediante el software estadístico SPSS v.24, luego se procedió con el análisis e interpretación. En los anexos 3, 4 y 5 se evidencia los formatos utilizados como instrumento, los cuales fueron validados por los especialistas en tecnologías de información.

**2.5 Método de análisis de información**

Se utilizó la estadística descriptiva e inferencial como soporte para la contrastación de las hipótesis de investigación. Según Pérez (2018) sostuvo que la estadística descriptiva permite la interpretación y análisis del cálculo de los valores como (a) varianza; (b) rango; (c) suma; y (d) los valores mínimos y máximos.

Llinás (2018); Duane, Corey y De Anna (2018); y Martínez (2012) afirmaron que la estadística inferencial permite realizar las deducciones sobre los resultados que aportan valor en la contrastación de la hipótesis. Para ello se tiene que aplicar los siguientes pasos: (a) realizar la consistencia de los datos: en la investigación se utilizó el método de análisis de doble masa, según Carrera y otros (2016) sostuvieron, que este método permitió identificar la inconsistencia y anormalidades de la data; (b) prueba de normalidad: se utilizó Shapiro-Wilk, por tener una muestra menor a 30, quedando descartado el uso de la prueba de Kolmogorov-Smirnov; (c) significancia: se utilizó 95/5 de confiabilidad y margen de error, con el objetivo de identificar, si la distribución de los datos es paramétrica o no paramétrica.

En caso la prueba brinde un resultado con valor paramétrico, se optará por utilizar la prueba T-Student, caso contrario se procederá a utilizar la prueba de Wilcoxon; y (d) identificar el valor sig: en este punto se trata se contrastar la hipótesis.

## 2.6  Aspectos éticos

Se aplicó la protección de las empresas evaluadas como parte del seguridad de la información según la ley 27658 y contemplando los puntos éticos pertinentes, tales como; (a) confidencialidad: la recopilación no será revelada ni divulgada para cualquier otro fin; (b) consentimiento informado: se solicitó y adjunto como anexo la autorización de la empresa Sion Global Solution; (c) libre participación: se utilizó el conocimiento de los expertos en ITIL en la empresa Sion Global Solution; (d) anonimidad: se utilizó para proteger identidades propias de la investigación.

## III.   Resultados

Se calcularon los estadísticos descriptivos de forma consolidada para los 3 indicadores de la GSTI: (a) tiempo de evaluación de la GSTI; (b) nivel de confiabilidad en las evaluaciones de la GSTI; y (c) nivel de eficiencia en las evaluaciones de la GSTI. Para los 3 indicadores se evidenció los valores mínimos y máximos, el rango y otros valores.

Para el indicador tiempo, se verificó que la media entre el pre y post existe una diferencia considerable de 621 minutos aproximadamente. Por lo tanto, es un indicativo positivo porque se evidenció una reducción del tiempo promedio de 586% al momento de efectuar las evaluaciones de la GSTI.

Existe una diferencia en promedio, del 49% para los niveles de confiabilidad y eficiencia. Es decir, preexiste un incremento del 98% en los niveles de confiabilidad y un 113% en la eficiencia en las evaluaciones de los niveles de madurez de la gestión de servicios de TI. En la tabla 1, se evidencia los estadísticos descriptivos.

Tabla 1.

*Consolidado de los estadísticos descriptivos.*

|  | N | Rango | Mínimo | Máximo | Media | Desviación | Varianza |
|---|---|---|---|---|---|---|---|
| Tiempo (Pre) | 16 | 29 | 707 | 736 | 726,81 | 7,083 | 50,163 |
| Tiempo (Post) | 16 | 2 | 105 | 107 | 105,88 | ,619 | ,383 |
| Confiabilidad (Pre) | 16 | 9,09% | 45,45% | 54,55% | 50,56% | 4,65% | 21,694 |
| Confiabilidad (Post) | 16 | 0,01% | 99,99% | 100% | 99,99% | 0,002% | ,000 |
| Eficiencia (Pre) | 16 | 7,95% | 39,49% | 47,43% | 43,94% | 4,04% | 16,359 |
| Eficiencia (Post) | 16 | 0,94% | 93,40% | 94,34% | 93,80% | 0,46% | ,213 |
| N válido (por lista) | 16 |  |  |  |  |  |  |

*Nota*: Datos procesados con SPSS.

### 3.1. Análisis de consistencia.

Se aplicó el método de dobles masas para el análisis de consistencia, que consistió en ingresar los datos en forma acumulativa y con un orden secuencial. Luego se presentó los datos en un gráfico cartesiano, en donde se evidenció la formación de una línea que demostró la data consistente. Si el grafico cartesiano hubiese presentado una línea con desviación, entonces se podrá decir que existen errores o desvíos en la consistencia (Flores, Carhuancho, Venturo, Sicheri y Mendivel, 2019; Casas, 2017).

Se evaluó la consistencia en los tres indicadores de gestión como: (a) tiempo de evaluación de la GSTI; (b) nivel de confiabilidad en las evaluaciones de la GSTI gestión de servicios de TI; y (c) nivel de eficiencia en las evaluaciones de la GSTI. Ver tabla 2.

Tabla 2.

*Consolidado de los indicadores de la GSTI*

| Empresa | Tiempo (Pre-Test) | Tiempo (Post-Test) | Confiabilidad (Pre-Test) | Confiabilidad (Post-Test) | Eficiencia (Pre-Test) | Eficiencia (Post-Test) |
|---|---|---|---|---|---|---|
| Empresa 1 | 731 | 105 | 54.55% | 100% | 47.38% | 94.29% |
| Empresa 2 | 725 | 106 | 45.45% | 100% | 39.50% | 94.34% |
| Empresa 3 | 725 | 106 | 54.55% | 100% | 47.40% | 93.40% |
| Empresa 4 | 736 | 106 | 54.55% | 100% | 47.43% | 93.40% |
| Empresa 5 | 731 | 106 | 45.45% | 100% | 39.49% | 94.34% |
| Empresa 6 | 731 | 106 | 54.55% | 100% | 47.38% | 93.40% |
| Empresa 7 | 707 | 107 | 45.45% | 100% | 39.54% | 93.46% |
| Empresa 8 | 725 | 105 | 45.45% | 100% | 39.50% | 94.29% |
| Empresa 9 | 731 | 106 | 54.55% | 100% | 47.38% | 93.40% |
| Empresa 10 | 731 | 107 | 45.45% | 100% | 39.49% | 93.46% |
| Empresa 11 | 725 | 106 | 54.55% | 100% | 47.40% | 94.34% |
| Empresa 12 | 731 | 106 | 54.55% | 100% | 47.38% | 93.40% |
| Empresa 13 | 731 | 105 | 45.45% | 100% | 39.49% | 94.29% |
| Empresa 14 | 731 | 106 | 54.55% | 100% | 47.38% | 93.40% |
| Empresa 15 | 719 | 105 | 45.45% | 100% | 39.51% | 94.29% |
| Empresa 16 | 719 | 106 | 54.55% | 100% | 47.41% | 93.40% |

*Nota*: Datos procesados con SPSS.

A continuación, se procedió con realizar los gráficos cartesianos con la propuesta del método doble de masas, como se aprecia en las figuras del 1 al 6.

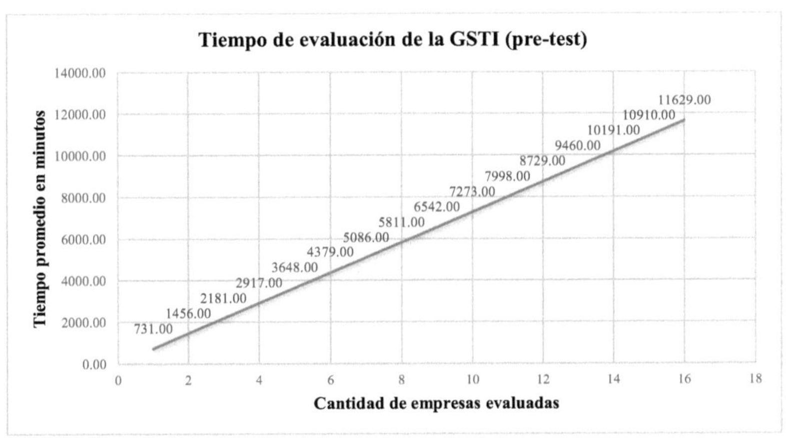


*Figura 2*. Data consistente del indicador tiempo pre-test

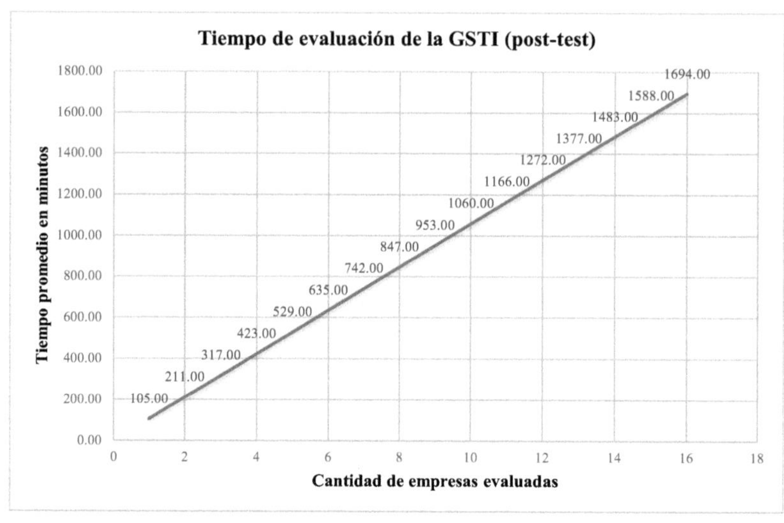

*Figura 3.* Data consistente del indicador tiempo post-test

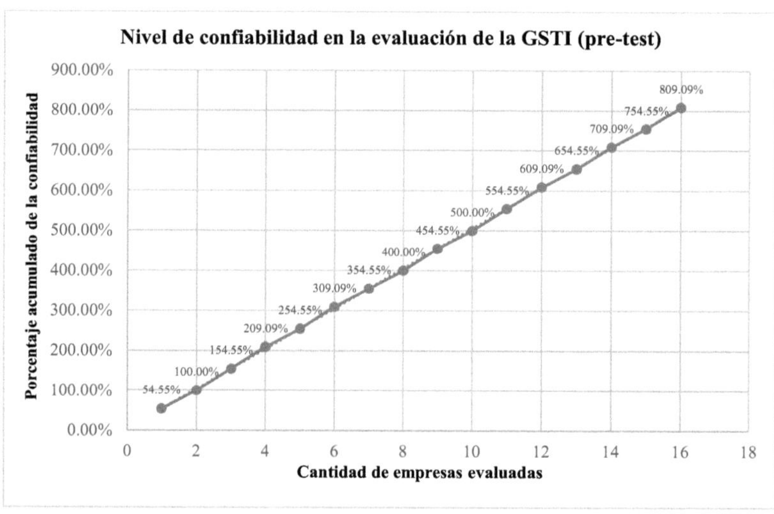

*Figura 4.* Data consistente del indicador nivel de confiabilidad pre-test

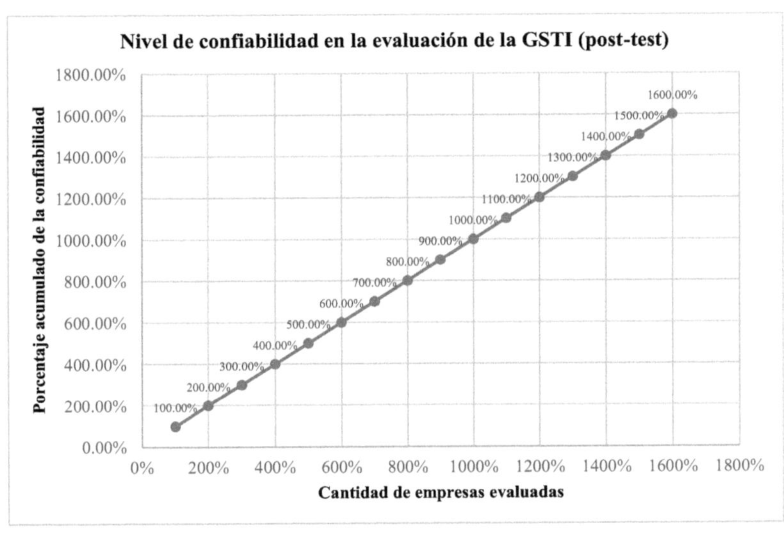



*Figura 5*. Data consistente del indicador nivel de confiabilidad post-test

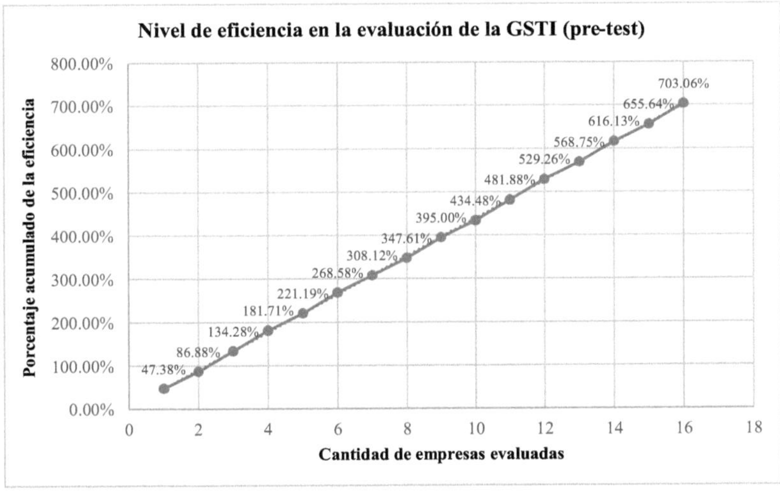



*Figura 6*. Data consistente del indicador nivel de eficiencia pre-test

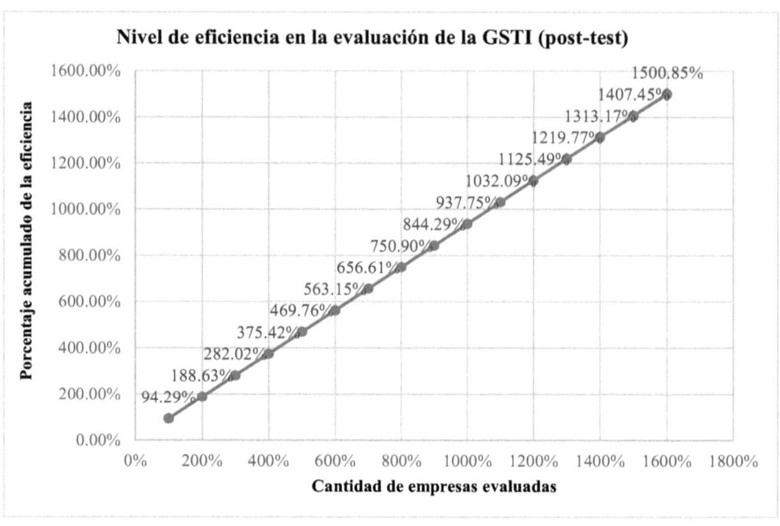


*Figura 7*. Data consistente del indicador nivel de eficiencia post-test

## 3.2. Pruebas de normalidad.

Como parte de la estadística inferencial, se procedió con la validación de la prueba de normalidad para los 3 indicadores de investigación. Los indicadores son: (a) tiempo de evaluación de la GSTI; (b) nivel de confiabilidad en las evaluaciones de la GSTI; y (c) nivel de eficiencia en las evaluaciones de la GSTI. Shapiro-Wilk, es la prueba utilizada debido a que la muestra es menor a las 30 evaluaciones. Por lo tanto, se descarta el uso de la prueba Kolmogorov–Smirnov.

En el mismo contexto Brownlee (2018) indicó que la utilización de Shapiro-Wilk es empleada para muestras o poblaciones menores o igual a 30, y su utilización permitirá identificar si los datos evaluados son paramétricos considerando que el p-valor sea igual o mayor a 0.05; de lo contrario presenta una distribución no paramétrica. En la tabla 3 se comprueba que los valores sig presentan una distribución no normal o no paramétrica.

Tabla 3.

*Consolidado de los indicadores – Shapiro Wilk*

| | Shapiro-Wilk | | |
| --- | --- | --- | --- |
| | Estadístico | gl | Sig. |
| Tiempo (Pre) | ,806 | 16 | ,003 |
| Tiempo (Post) | ,778 | 16 | ,001 |
| Confiabilidad (Pre) | ,638 | 16 | ,000 |
| Confiabilidad (Post) | ,273 | 16 | ,000 |
| Eficiencia (Pre) | ,642 | 16 | ,000 |
| Eficiencia (Post) | ,676 | 16 | ,000 |

*Nota:* Datos procesados con SPSS.

En la tabla anterior se valida que el indicador tiempo, confiabilidad y eficiencia obtuvieron un valor sig menor a 0.005, es decir, corresponden a datos con una repartición no paramétrica.

### 3.3. Prueba de hipótesis de investigación.

Es una respuesta tentativa y no necesariamente definitiva a la solución de los problemas en estudio (Llinás, 2018). En las pruebas de hipótesis se evidenció la interrelación de las variables de estudio, como las variables independientes y dependientes, los cuales están sujetas a comprobación, verificación, contrastación y basada en los datos de la muestra de estudio, para determinar la aceptación o rechazo de las teorías.

### 3.3.1. Prueba de hipótesis específica 1.

El sistema experto mejora el tiempo de evaluación de la fase de los servicios de diseño, transición y operación de la GSTI en la empresa Sion Global Solution, 2019. Asimismo, para la hipótesis nula se planteó lo siguiente: El sistema experto no mejora el tiempo de evaluación de la fase de los servicios de diseño, transición y operación de la GSTI en la empresa Sion Global Solution, 2019.

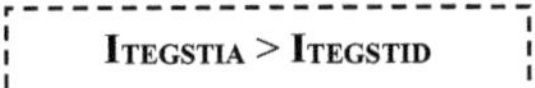


Donde:

$I_{TEGSTIA}$ = Indicador del tiempo de evaluación de la GSTI medido sin el sistema experto.

$I_{TEGSTID}$ = Indicador del tiempo de evaluación de la GSTI medido con el sistema experto.

Se efectuó la aplicación de la prueba de normalidad, considerando el antes, después y el diferencial para el indicador tiempo, con el objetivo de determinar la prueba a utilizar (Shapiro o Wilcoxon), ver tabla 4.

Tabla 4.

*Pruebas de normalidad para el diferencial del indicador tiempo*

| | Pruebas de normalidad | | | | | |
| | Kolmogorov-Smirnov[a] | | | Shapiro-Wilk | | |
| | Estadístico | gl | Sig. | Estadístico | gl | Sig. |
| Tiempo total (pre) ITEGSTIA | ,269 | 16 | ,003 | ,804 | 16 | ,003 |
| Tiempo total (post) ITEGSTID | ,330 | 16 | ,000 | ,778 | 16 | ,001 |
| Diferencial | ,226 | 16 | ,028 | ,821 | 16 | ,005 |

*Nota*: Datos procesados con SPSS

En la tabla 4, se corroboró que el valor Sig del diferencial utilizando Shapiro-Wilk es 0.005, validándose que el valor del Sig es menor a 0.05, Es decir, se confirma que presenta una distribución no normal. Asimismo, se procedió con utilizar la prueba de rangos de Wilcoxon, donde los resultados presentan el $Zc = -3,531$, p= .000, razón por la cual, hipótesis nula es rechazada, y se reconfirma que el sistema experto reduce considerablemente el tiempo de evaluación de la fase de los servicios de diseño, transición y operación de la GSTI en la empresa Sion, 2019. Ver tabla 5.

Tabla 5.

*Estadísticos de prueba del indicador tiempo*

| Estadísticos de prueba[a] | |
| --- | --- |
| | **Post tiempo total - Pre tiempo total** |
| Z | -3,531[b] |
| Sig. asintótica(bilateral) | ,000 |

a. Prueba de rangos con signo de Wilcoxon

b. Se basa en rangos positivos.

*Nota*: Datos procesados con SPSS.

Asimismo, en la figura 8 se presenta la comparación del indicador tiempo de la evaluación de la GSTI y en la figura 9 se presenta la variación del tiempo promedio de evaluación.

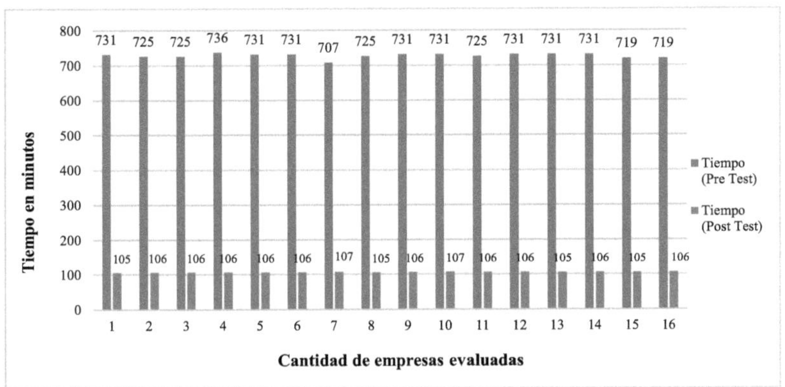


*Figura 8*. Comparación del indicador tiempo de la evaluación de la GSTI.

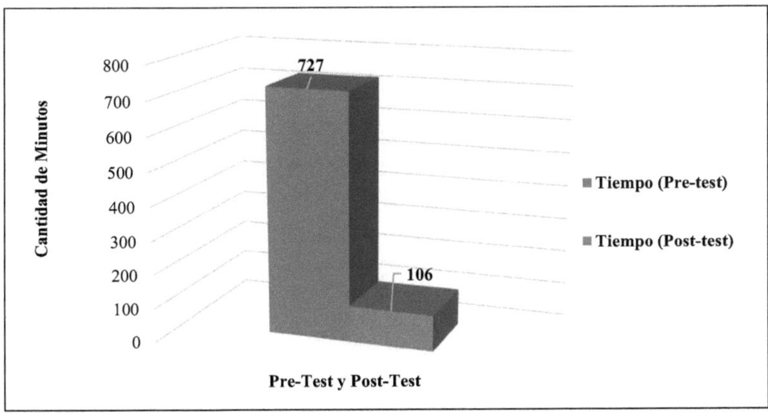


*Figura 9*. Variación del indicador tiempo

En la figura 9, se aprecia que existe un decrecimiento importante en el tiempo de evaluación de la gestión de servicios de TI (Pre$_{727}$; Post$_{106}$), por lo tanto, existe una mejora considerable con una reducción del tiempo promedia de 621 minutos, equivalente al 586% utilizando el sistema experto.

### 3.3.2. Prueba de hipótesis específica 2.

El sistema experto mejora el nivel de confiabilidad en la evaluación de la fase de los servicios de diseño, transición y operación de la GSTI en la empresa Sion Global Solution, 2019. Asimismo, para la hipótesis nula se planteó lo siguiente: El sistema experto no mejora el nivel de confiabilidad en la evaluación de la fase de los servicios de diseño, transición y operación de la GSTI en la empresa Sion Global Solution, 2019.

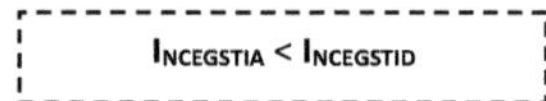


Donde:

$I_{NCEGSTIA}$ = Indicador del nivel de confiabilidad en la evaluación de la GSTI medido sin el sistema experto.

$I_{NCEGSTID}$ = Indicador del nivel de confiabilidad en la evaluación de la GSTI medido con el sistema experto.

Se efectuó la aplicación de la prueba de normalidad, considerando el antes, después y el diferencial para el indicador confiabilidad, con el objetivo de determinar la prueba a utilizar (Shapiro o Wilcoxon), ver tabla 6.

Tabla 6.

*Pruebas de normalidad para el diferencial del indicador confiabilidad*

| | Pruebas de normalidad | | | | | |
| | Kolmogorov-Smirnov[a] | | | Shapiro-Wilk | | |
| | Estadístico | gl | Sig. | Estadístico | gl | Sig. |
| Confiabilidad Pre $I_{NCEGSTIA}$ | ,366 | 16 | ,000 | ,638 | 16 | ,000 |
| Confiabilidad Post $I_{NCEGSTID}$ | ,536 | 16 | ,000 | ,273 | 16 | ,000 |
| Diferencia | ,366 | 16 | ,000 | ,638 | 16 | ,000 |

*Nota*: Datos procesador con SPSS.

En la tabla 6, se corroboró que el valor Sig del diferencial utilizando Shapiro-Wilk es 0.000, validándose que el valor del Sig es menor a 0.05, Es decir, se confirma que presenta una distribución no normal. Asimismo, se procedió con utilizar la prueba de rangos de Wilcoxon, donde los resultados presentan el Zc = -3,601, p = .000, razón por la cual, hipótesis nula es rechazada, y se reconfirma que el sistema experto mejora el nivel de confiabilidad en la evaluación de la fase de los servicios de diseño, transición y operación de la GSTI en la empresa Sion Global Solution, 2019. Ver tabla 7.

Tabla 7.

*Estadísticos de contraste del indicador confiabilidad*

**Estadísticos de prueba[a]**

| | Post-Confiabilidad - Pre-Confiabilidad |
|---|---|
| Z | -3,601[b] |
| Sig. asintótica(bilateral) | ,000 |

a. Prueba de rangos con signo de Wilcoxon

b. Se basa en rangos negativos.

*Nota*: Datos procesados con SPSS

Asimismo, en la figura 10 se presenta la comparación del indicador nivel de confiabilidad y en la figura 11 se presenta la variación del nivel de confiabilidad.

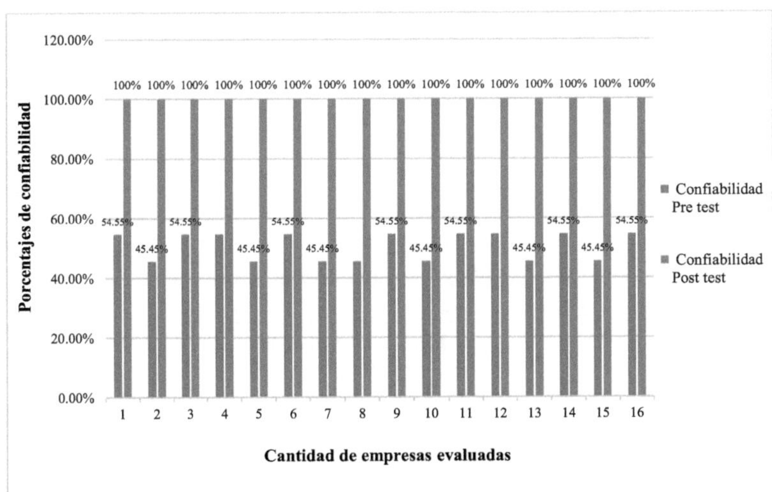


*Figura 10*. Comparación del indicador nivel de confiabilidad

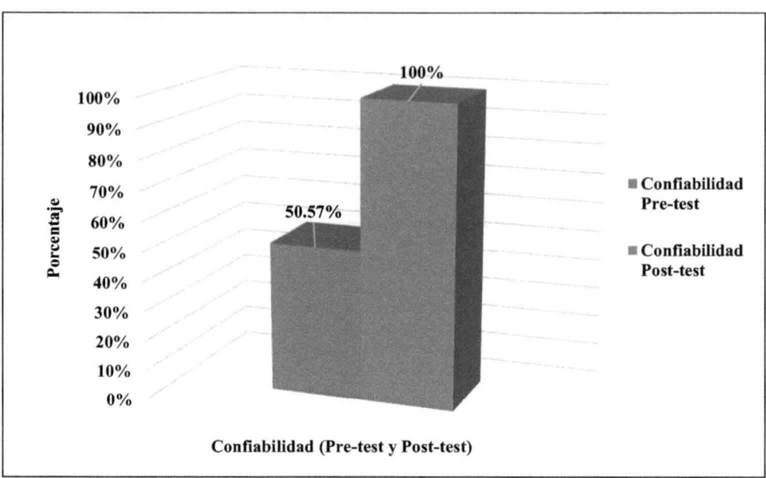

*Figura 11.* Variación del nivel de confiabilidad

En la figura 11, se aprecia que existe un incremento importante en el nivel de confiabilidad en la evaluación de la gestión de servicios de TI (Pre$_{50.57\%}$; Post$_{100\%}$), por lo tanto, existe una mejora considerable con un incremento porcentual del 98% utilizando el sistema experto.

### 3.3.3. Prueba de hipótesis específica 3.

El sistema experto mejora el nivel de nivel de eficiencia en la evaluación de la fase de los servicios de diseño, transición y operación de la GSTI en la empresa Sion Global Solution, 2019. Asimismo, para la hipótesis nula se planteó lo siguiente: sistema experto no mejora el nivel de eficiencia en la evaluación de la fase de los servicios de diseño, transición y operación de la GSTI en la empresa Sion Global Solution, 2019.

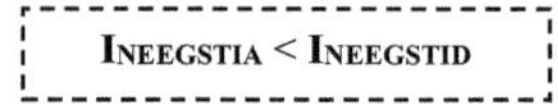



Donde:

I$_{NEEGSTIA}$ = Indicador del nivel de eficiencia en la evaluación de la GSTI medido sin el sistema experto.

I$_{NEEGSTID}$ = Indicador del nivel de eficiencia en la evaluación de la GSTI medido con el sistema experto.

Se efectuó la aplicación de la prueba de normalidad, considerando el antes, después y el diferencial para el indicador eficiencia, con el objetivo de determinar la prueba a utilizar (Shapiro o Wilcoxon), ver tabla 8.

Tabla 8.

*Pruebas de normalidad para el diferencial del indicador eficiencia*

| | Pruebas de normalidad | | | | | |
| | Kolmogorov-Smirnov[a] | | | Shapiro-Wilk | | |
| | **Estadístico** | **gl** | **Sig.** | **Estadístico** | **gl** | **Sig.** |
| Nivel de eficiencia Pre INEEGSTIA | ,365 | 16 | ,000 | ,642 | 16 | ,000 |
| Nivel de eficiencia Post INEEGSTID | ,335 | 16 | ,000 | ,676 | 16 | ,000 |
| Diferencia | ,314 | 16 | ,000 | ,693 | 16 | ,000 |

*Nota*: Datos procesador con SPSS.

En la tabla 8, se corroboró que el valor Sig del diferencial utilizando Shapiro-Wilk es 0.000, validándose que el valor del Sig es menor a 0.05, Es decir, se confirma que presenta una distribución no normal. Asimismo, se procedió con utilizar la prueba de rangos de Wilcoxon, donde los resultados presentan el $Zc = -3,522$, $p= .000$, razón por la cual, hipótesis nula es rechazada, y se reconfirma que el sistema experto mejora el nivel de eficiencia en la evaluación de la fase de los servicios de diseño, transición y operación de la GSTI en la empresa Sion Global Solution, 2019. Ver tabla 7.

Tabla 9.

*Estadísticos de contraste del indicador eficiencia*

| | **Estadísticos de prueba**[a] |
| | **Post Nivel de eficiencia - Pre Nivel de eficiencia** |
| Z | -3,522[b] |
| Sig. asintótica(bilateral) | ,000 |
| a. Prueba de rangos con signo de Wilcoxon | |
| b. Se basa en rangos negativos. | |

*Nota*: Datos procesador con SPSS.

Asimismo, en la figura 12 se presenta la comparación del indicador nivel de eficiencia y en la figura 13 se presenta la variación del nivel de eficiencia.

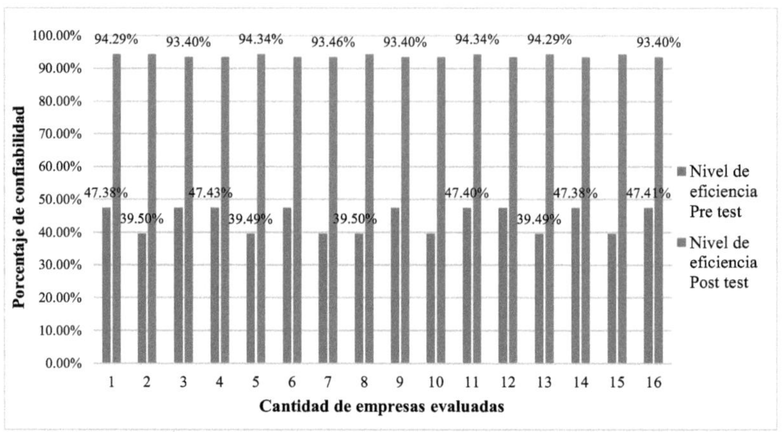

*Figura 12.* Comparación del indicador nivel de eficiencia

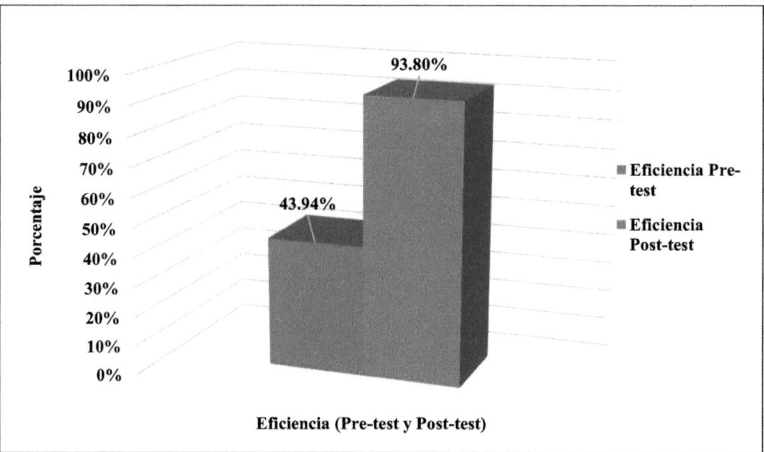

*Figura 13.* Variación del nivel de eficiencia

En la figura 13, se evidencia que existe un incremento importante en el nivel de la eficiencia en la evaluación de la GSTI (Pre$_{43.94\%}$; Post$_{93.80\%}$), por lo tanto, existe una mejora considerable con un incremento porcentual del 113% utilizando el sistema experto.

## IV.  Discusión

Como parte de los hallazgos encontrados, se confirma la aceptación de la hipótesis de investigación, el cual establece que el sistema experto implementado, mejoró los tiempos en las evaluaciones de los niveles de madurez en las fases de diseño, transición y operación de la gestión de servicios de TI. Cabe precisar que los tiempos promedio en las evaluaciones en los niveles de madurez mejoraron significativamente, reduciendo el tiempo de 721 minutos a 106 minutos. Por lo tanto, se obtuvo una reducción del tiempo promedio de 586% con la aplicación del sistema experto. Asimismo, se comparte lo expresado por Tanovic y Mastorakis (2016) en su investigación Advantage of using Service Desk Management Systems in real organizations. International Journal of Economics and Management Systems, donde sostuvieron que, al utilizar un sistema inteligente basado en gestión, se consiguió mejorar los tiempos de los servicios en un 35.68%. Por lo tanto, se comprueba que un sistema experto permite mejorar el tiempo promedio en las evaluaciones de los niveles de madurez de la GSTI.

Al mismo tiempo, el sistema experto mejoró los niveles de confiabilidad en las evaluaciones de los niveles de madurez en las fases de diseño, transición y operación de la gestión de servicios de TI, habiendo una diferencia del 49.43 % en la pre y post prueba. Es decir utilizando el sistema experto el nivel de confiabilidad se incrementó en un 98%; en consecuencia, se comparte lo expresado por Yandri, Nugeraha y Zahra (2019) en su investigación Evaluation Model for the Implementation of Information Technology Service Management using Fuzzy ITIL, donde sostuvieron que, al utilizar un sistema experto basado en lógica difusa, se consiguió mejorar la confiabilidad en un 40% en los servicios tecnológicos y un 75% en la determinación de los niveles de madurez para los servicios críticos de la fase de operación. Generando así, un incremento de los niveles de calidad, confiabilidad y usabilidad en los modelos de evaluación de la GSTI mediante un sistema experto de lógica difusa. En consecuencia, se comprobó que un sistema experto permite mejorar la confiabilidad en la evaluación de los niveles de madurez de la gestión de servicios de TI. Pero en lo que no concuerda el estudio, es el incremento de la usabilidad y disponibilidad en el estudio referido, debido a que en la investigación se utilizó dimensiones propias de la variable independiente los cuales no forman parte del alcance. Es decir, se evalúo como influye o determina el sistema experto en la gestión de las tecnologías de información, y no de forma contraria. En forma paralela, respecto mejoría de los niveles de confiabilidad en las evaluaciones de los niveles de madurez en las fases de diseño, transición y operación de la gestión de servicios de TI. Se comparte lo expresado por Quintero y Peña (2017) en su investigación (Modelo basado en ITIL para la gestión de los servicios de TI en la Cooperativa de Caficultores de Manizales) donde se evidenció la mejora del 60% en el incremento de la calidad y el nivel de eficiencia para los servicios operacionales de tecnología, asegurando el incremento de la confiabilidad en la determinación del estado actual de la organización. Por lo tanto, el sistema experto permite mejorar los niveles de eficiencia en evaluación de los niveles de madurez de la gestión de servicios de TI, los cuales contribuyen a los objetivos propuestos.

Siguiendo el mismo esquema, el sistema experto mejoró los niveles de eficiencia en las evaluaciones de los niveles de madurez en las fases de diseño, transición y operación de la gestión de servicios de TI, habiendo una diferencia de mejoría del 49.86 % antes y después de la prueba. Es decir, utilizando el sistema experto el nivel de eficiencia se incrementó en un 113%. En consecuencia, se comparte lo expresado por Jäntti y Cater (2017) en su investigación denominada (Proactive management of IT Operations to improve it services) que, utilizaron un sistema con nombre ProactiveNet, el cual tiene funcionalidades en la gestión de servicios tecnológicos y consiguió mejorar la disponibilidad, eficiencia, usabilidad y calidad en un 30% como parte de las actividades operacionales de ITIL, para servicios que utilizan ITIL en un nivel básico. Es decir, tener los procesos mínimos y vitales para llevar a cabo la gestión de los servicios de TI. Por lo tanto, esta investigación guarda relación con el presente estudio, que consiste en mejorar la eficiencia en las evaluaciones y determinación de los niveles de madurez de los procesos operacionales de ITIL. Pero en lo que no concuerda el estudio, es la forma del funcionamiento del sistema al tener una forma de trabajo reactiva, a diferencia del sistema experto que busca mejorar de forma proactiva las evaluaciones para todas las áreas operacionales de Tecnología.

En el mismo contexto, los sistemas expertos son herramientas tecnologías que busca mejorar sustancialmente los procesos y la gestión de los servicios tecnológicos que están alineados a los objetivos organizacionales. El sistema experto del presente estudio mejoró reduciendo los tiempos en un 586%, además de incrementar la confiabilidad en un 98% y la eficiencia en un 113% en las evaluaciones de los niveles de madurez para los procesos críticos del negocio. Asimismo, se comparte lo expresado por (Albeti & Souza, 2015) en su investigación Information Technology service management processes maturity in the Brazilian federal direct administration, donde refirieron que, al utilizar las herramientas basada en ITIL, se consigue mejorar los niveles de madurez en un 40% para la gestión de incidentes que corresponden a la fase de operación del servicio de ITIL a diferencias de los procesos de la fase de transición y mejora continua. Todo ello, es debido a los problemas que presenta la entidad federal, porque carecen de personal, recursos tecnológicos y compromiso para afrontar la demanda actual de los servicios.

## V.  Conclusiones

Primera        :        En el presente estudio las conclusiones brindaron el siguiente resultado: Se implementó un sistema experto para mejorar el tiempo de evaluación de la fase de los servicios de diseño, transición y operación de la GSTI en la empresa Sion Global Solution; que permitió reducir los tiempos promedios en las evaluaciones de los niveles de madurez de la GSTI. Con la implementación del sistema experto el tiempo promedio de las evaluaciones corresponde a 106 minutos, y sin utilizar el sistema experto, el tiempo de evaluación corresponde a 727 minutos, el mismo que significó una disminución considerable de 621 minutos. Es decir, una reducción del tiempo del 586% como parte de la evaluación integral de los niveles de madurez de la gestión de servicios TI. Por lo tanto, la empresa tecnológica incrementó sus evaluaciones en la gestión de servicios tecnológicos, debido a que antes efectuaban 3 evaluaciones por cada 36 horas aproximadamente, ahora podrá realizar 20 evaluaciones en promedio.

Segunda        :        Se implementó un sistema experto para mejorar los niveles de confiabilidad en la evaluación de la fase de los servicios de diseño, transición y operación de la GSTI en la empresa Sion Global Solution; que permitió incrementar los niveles de confiabilidad en las evaluaciones de los niveles de madurez de la GSTI. Con la implementación del sistema experto los niveles de confiabilidad se incrementaron hasta un 100%, y sin la utilización del sistema experto, los niveles de confiabilidad corresponden a un 50.57%, el mismo que significó una mejoría considerable del 49.43%. Es decir, hubo un incremento del 98% en los niveles de confiabilidad en la evaluación integral de los niveles de madurez de la gestión de servicios TI. Por lo tanto, la empresa tecnológica mejoró la confiabilidad, debido a que antes por cada 4 evaluaciones que se realizaban, 2 de estas presentaron fallas. Actualmente, con la implementación del sistema experto se mejoró los niveles de confiabilidad, logrando un cumplimiento al 100% en todas las evaluaciones.

Tercera       :    Se implementó un sistema experto para mejorar los niveles de eficiencia en la evaluación de la fase de los servicios de diseño, transición y operación de la GSTI en la empresa Sion Global Solution; que permitió incrementar los niveles de eficiencia en las evaluaciones de los niveles de madurez de la GSTI. Con la implementación del sistema experto los niveles de eficiencia se incrementaron hasta un 93.80%, y sin la utilización del sistema experto, los niveles de confiabilidad corresponden a un 43.94%, el mismo que significó una mejoría considerable del 49.86%. Es decir, hubo un incremento del 113% en los niveles de eficiencia en la evaluación integral de los niveles de madurez de la gestión de servicios TI. Por lo tanto, la empresa tecnológica mejoró la eficiencia, debido a que antes por cada 10 evaluaciones, 5 de estas no sé completaban. Actualmente, con la implementación del sistema experto se mejoró los niveles de eficiencia, logrando que se completen correctamente un 93.80% de las evaluaciones.

Cuarta :    Para finalizar, se confirma que utilizando un sistema experto se consigue mejorar con la reducción del tiempo en un 586%, confiabilidad en un 98% y la eficiencia en un 113%. Se confirma, que un sistema experto mejora las evaluaciones de la GSTI en la empresa Sion Global Solution. Por lo tanto, cabe resaltar que los sistemas expertos para la gestión de servicios de TI es una solución disruptiva e innovadora que permitirá identificar, evaluar y mejorar los procesos tecnológicos para todas las empresas que están inmersas en el círculo tecnológico de la nueva era.

# VI. Recomendaciones

Primera    :    Las inversiones de los capitales peruanos en tecnología y comunicaciones van en aumento, si bien estos avances crecen en función a la necesidad de las empresas por innovar los procesos, con el objetivo de mejorar la calidad de sus servicios y productos con un menor costo. Por lo tanto, implementar soluciones tecnológicas que sean disruptivas, generan en el tiempo la necesidad de brindar el soporte y control para la subsistencia. Ante esta premisa, se recomienda a la jefatura y alta gerencia de las empresas tecnológicas, gestionar la implementación de sistemas cloud cognitivos en plataforma móvil, para incrementar su utilización en la evaluación y determinación de los niveles de madurez de todos los procesos tecnológicos y procesos operacionales que son parte de la producción. Es decir, desarrollar e implementar una solución móvil cognitivo que piense y aprenda de acuerdo con la experiencia del usuario que aplica la metodología ITIL en la gestión de los servicios. En efecto, se generará un valor agregado en los tiempos, eficiencia y confiabilidad. Además de generar disponibilidad de la solución 24 x 7, reducción de los costos, incremento de la calidad y mejora considerable en la usabilidad de la solución por parte de los especialistas.

Segunda    :    Se recomienda al área de gobierno de TI, iniciar la gestión con el área de proyectos y desarrollo de software, la implementación de un repositorio de data histórica de todos los clientes donde se aplica la medición de las evaluaciones de los niveles de madurez, con el objetivo de poder identificar, las falencias más críticas de los procesos de TI en forma predictiva, para generar estrategias de solución que luego, se volverán cursos de acción catalogados en nuevos servicios. Todo ello, permitirá generar un abanico de propuestas mediante servicios hacia las empresas de TI, que deseen mejorar la calidad de sus servicios, en un menor tiempo y costo.

Tercera           :        Se recomienda a la gerencia de TI, gestionar una infraestructura tecnológica que presente una arquitectura escalable e integrada a los sistemas operacionales. Con el objetivo de tener la facilidad de crecimiento en la atención de otras empresas tecnológicas. Además de contar con la integración de los sistemas operacionales, el cual permitirá tener información detallada y enriquecida al generar los indicadores de medición del servicio. En efecto, se puede decir que la integración y escalabilidad es una solución preventiva, ante el crecimiento de la organización y de la cantidad de los clientes que operen mediante el servicio de outsourcing, y a su vez, deseen tener claro el estado actual de sus servicios mediante la evaluación de los niveles de madurez. En resumen, se recomienda a la Gerencia de TI, realizar todas estas mejoras que contribuyen al logro de los objetivos como parte de la alineación de servicios con la tecnología.

Cuarta :        Se recomienda contemplar la ampliación del presente estudio de investigación utilizando enfoque mixto, que permita comprender la parte cualitativa mediante la interpretación de los resultados de acuerdo con el análisis de las fuentes de estudio que está conformada por los clientes y proveedores del outsourcing, con el objetivo de poder conocer, que piensan sobre la solución implementada y que se puede mejorar para fortalecer la experiencia usuaria. Como parte del enfoque cuantitativo, se recomienda realizar estudios de regresión lineal para poder determinar las tendencias y relaciones de causa efecto de acuerdo con las dimensiones de las variables a investigar.

## VII. Propuesta

Toda investigación debe tener una visión de proyecto, cuyo propósito es contribuir en la sociedad mediante su ejecución y exposición. Según Carhuancho, Nolazco, Sicheri, Guerrero y Casana (2019) sostuvieron que el fundamento de la propuesta consiste en idear un plan para solucionar los problemas de fondo en una investigación, para luego determinar el desarrollo de la propuesta. Es decir, se tiene que plasmar el plan de acción con una estimación de tiempo y costo para su realización, considerando el fundamento y su desarrollo. Para el fundamento de la propuesta, se elaboró la matriz de fundamentación de la propuesta, donde se aprecia las herramientas y su importancia, ver tabla 10.

Tabla 10.

Matriz de fundamentación de la propuesta

| ¿Qué Herramientas solucionan el problema? | ¿Por qué son importantes las herramientas? |
| --- | --- |
| Sistema Experto para la Gestión de TI | • Mejora la eficiencia, confiabilidad y determina los niveles de Madurez de los procesos operacionales de TI.<br>• Reduce los tiempos en las evaluaciones de TI. Organiza y centraliza las evaluaciones de todos los procesos, enfocado por empresa. |
| Microsoft Teams | • Organiza y centraliza la información que fluye en forma cros con los procesos de TI.<br>• Agiliza y mejora los tiempos de respuesta para el intercambio de información con los empleados |
| ProactiveNet | • Centraliza y gestiona los eventos de la organización en función a los procesos operacionales.<br>• Fortalece la calidad, eficiencia y confiabilidad de todos los procesos de TI. |

Ante esta premisa, se procedió con la identificación de los problemas que presentan una criticidad alta, considerando que sean viables para su realización. Además de considerar el objetivo y su alternativa de solución, como se aprecia en la tabla 11.

Tabla 11.

*Matriz de alternativas de solución*

| Problemas | Alternativa de solución | Objetivos |
|---|---|---|
| Retraso de tiempo en las evaluaciones de nivel de madurez de la gestión de TI. | Implementar un Sistema experto o cognitivo para reducir los tiempos, mejorar la eficiencia y confiabilidad en las evaluaciones de TI. | Mejorar los tiempos de las evaluaciones del nivel de madurez en gestión de TI. |
| Bajo nivel de eficiencia y confiabilidad en las evaluaciones de nivel de madurez | | Mejorar los niveles de eficiencia y confiabilidad en las evaluaciones del nivel de madurez en gestión de TI. |

En el mismo contexto se procedió con la elaboración de la justificación de la propuesta, considerando los siguientes puntos: (a) la propuesta realizada se realiza como parte de la mejora continua del mundo de TI; (b) los beneficios que trae consigo permitirá que la organización pueda plasmar el camino a seguir, con el objetivo que los procesos de gestión de servicios maduren en el tiempo, por lo tanto se tendrá una ventaja competitiva por tener procesos agiles y prácticos; y (c) lo que se espera lograr es diferenciarse de otras organizaciones, al poner en práctica la mejora continua midiendo los niveles de madurez en el mundo de la gestión de servicios tecnológicos.

Rodríguez, Schleder y Magalhães (2019); Pardo, Chilito, Viveros y Pino (2019) afirmaron la importancia de utilizar la metodología Scrum y Project para plasmar las actividades, tiempo y costo de una manera ágil y flexible, tanto para el desarrollo de la propuesta y el seguimiento del proyecto. A continuación, en la figura 14 y 15 se presenta la línea de tiempo y el cronograma de la propuesta de implementación.

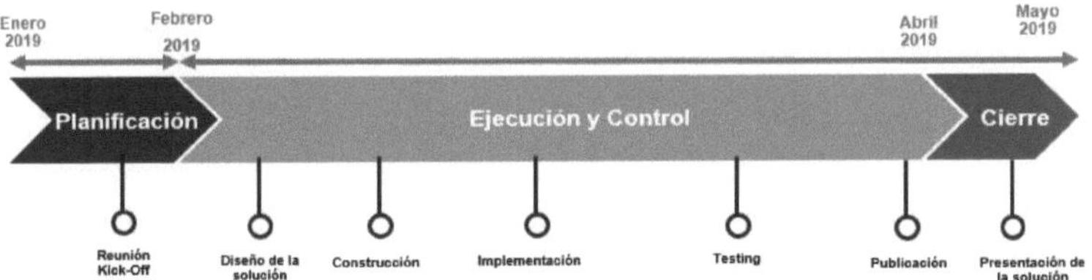


*Figura 14.* Línea de tiempo de implementación de la solución.

| Nombre de tarea | Trabajo | Duración | Comienzo | Fin | RAG | %E | %C |
|---|---|---|---|---|---|---|---|
| - Proyecto: Sistema Experto para la gestión de TI | 329 horas | 86 días | jue 17/01/19 | jue 16/05/19 | ● | 100 | 100% |
| - Planificación | 18 horas | 5 días | jue 17/01/19 | mié 23/01/19 | ● | 100 | 100% |
| Elaborar plan del proyecto | 4 horas | 1 día | jue 17/01/19 | jue 17/01/19 | ● | 100 | 100% |
| Elaboración de Matriz de Riesgos | 4 horas | 1 día | vie 18/01/19 | vie 18/01/19 | ● | 100 | 100% |
| Elaboración del Backlog | 4 horas | 1 día | lun 21/01/19 | lun 21/01/19 | ● | 100 | 100% |
| Elaboración de Project Definition | 4 horas | 1 día | mar 22/01/19 | mar 22/01/19 | ● | 100 | 100% |
| Reunión de Kick Off | 2 horas | 1 día | mié 23/01/19 | mié 23/01/19 | ● | 100 | 100% |
| - Ejecución | 305 horas | 82 días | jue 17/01/19 | vie 10/05/19 | ● | 100 | 100% |
| + Fase 0: Diseño de la solución | 80 horas | 14 días | jue 17/01/19 | mar 5/02/19 | ● | 100 | 100% |
| + Fase 1: Desarrollo (Construcción) | 175 horas | 53 días | mié 6/02/19 | vie 19/04/19 | ● | 100 | 100% |
| + Fase 2: Implementación | 20 horas | 5 días | lun 22/04/19 | vie 26/04/19 | ● | 100 | 100% |
| + Fase 3: Testing | 20 horas | 7 días | lun 29/04/19 | mar 7/05/19 | ● | 100 | 100% |
| + Fase 4: Publicación | 10 horas | 3 días | mié 8/05/19 | vie 10/05/19 | ● | 100 | 100% |
| + Cierre | 6 horas | 4 días | lun 13/05/19 | jue 16/05/19 | ● | 100 | 100% |

*Figura 15.* Cronograma de implementación de la solución.

**Referencias**

Albeti, V., & Souza, J. (2015). Information Technology service management processes maturity in the Brazilian federal direct administration. *Journal of Information Systems and Technology Management*, 663-686.

Aragón, A., & Ferraz, V. (2014). *Implantando a Governanca de Ti: Da Estrategia a Gestao Dos Processos e Servicos* (4ta. Edicion ed.). Rio de Janeiro, Rio de Janeiro, Brasil: Brasport Livros e Multimídia Ltda.

Artiles, L., Otero, J., & Barrios, I. (2008). *Metodología de la investigación para las ciencias de la salud.* La Habana: Ciencias Médicas.

Atlassian. (2019, mayo 05). *Atlassian.com.* Retrieved from es.atlassian.com: https://es.atlassian.com/it-unplugged/itsm

Axelos. (2019, mayo 04). *Axelos.com.* Retrieved from https://www.axelos.com: https://www.axelos.com/best-practice-solutions/itil

Baltzan, P., Fisher, P., & Lynch, K. (2015). *Business-Driven Information Systems* (3rd Edition ed.). Sidney, Australia: McGraw-Hill Education.

Baud, L. (2016). *ITIL® V3: Entender el enfoque y adoptar las buenas prácticas.* Barcelona: Ediciones ENI.

Bernal, C. (2006). *Metodología de la Investigación para administración, economía, humanidades y ciencias sociales.* Naucalpan: Pearson Educación.

Bon, J., & Jong, A. (2008). *Estrategia del Servicio Basada en ITIL® V3 - Guía de Gestión.* Amersfoort, Holanda: Van Haren Publishing. doi: ISBN: 9789087531478

Brownlee, J. (2018). *Statistical Methods for Machine Learning: Discover how to Transform Data into Knowledge with Python.* Australia: Machine Learning Mastery.

Cagan, M. (2017). *INSPIRED: How to Create Tech Products Customers Love.* Sao Paulo: Wiley.

Calle, D., Cornejo, J., & Pesántez, F. (2018). Un sistema experto basado en minería de datos y programación entera lineal para soporte en la asignación de materias y diseño de horarios en educación superior. *Enfoque UTE*, 12.

Callejas, M., Alarcón, A., & Álvarez, A. (2017). Modelos de calidad del software, un estado del arte. *Entramado*, 15. doi: http://dx.doi.org/10.18041/entramado.2017 v13n1.25125

Campos, C., Valente, A., & Veras, M. (2018). Uso da IoT, Big Data e Inteligência Artificial nas Capacidades Dinâmicas. *Revista Pensamento Contemporâneo em Administração*, 14. doi: http://dx.doi.org/10.12712/rpca.v12i1.1120

Cantabella, M. (2018). *Modelos y herramientas para la representación y análisis de datos en LMS para enseñanzas universitarias.* Murcia: Escuela internacional de Doctorado UCM.

Cañadas, I., & Concepción, S. (2018). *Análisis de datos en investigación. Primeros pasos.* Madrid: Universitas Miguel Hernández.

Carhuancho, I., Nolazco, F., Sicheri, L., Guerrero, M., & Casana, K. (2019). *Metodología de la investigación holística.* Guayaquil, Ecuador: UIDE.

Carrera, D., Guevara, P., Tamayo, L., Balarezo, A., Narváez, C., & Morocho, D. (2016). *Relleno de series anuales de datos meteorológicos mediante métodos estadísticos en la zona costera e interandina del Ecuador, y cálculo de la precipitación media.* Quito: IDESIA.

Casas, J. (2017). *Guía para la realización de un estudio ambiental: El caso de la cuenca del río Adra.* Almería, España: Edual.

Chiavenato, I. (2006). *Introducción a la teoría general de la administración.* Distrito Federal: McGraw-Hill Interamericana.

ClydeBank. (2017). *ITSM QuickStart Guide: The Simplified Beginner's Guide to IT Service Management.* New York: ClydeBank Media LLC.

Cruz, J., & Lévano, D. (2017). Nivel de Madurez de los procesos de la gestión de servicios en base a BPM. *Redalyc.org*, 13. Retrieved from http://www.redalyc.org: http://www.redalyc.org/pdf/4676/467646123008.pdf

Cuneo, K. (2019, junio 2). *yourlearning.ibm.com.* Retrieved from yourlearning.ibm.com: https://yourlearning.ibm.com/#search/activities/q=maturity

De la Peña, G., & Velázquez, R. (2018). Algunas reflexiones sobre la teoría general de sistemas y el enfoque sistémico en las investigaciones científicas. *Revista Cubana de Educación Superior*, 14.

Dobbins, C., & Rov, R. (2018). Gestão de Projetos em Tecnologia da Informação: Estudo de Caso sobre a Implementação e Avaliação Desta Ferramenta em Fundo de Investimento Multimercado. *Revista de Tecnologia Aplicada*, 36-51. doi: http://dx.doi.org/10.21714/2237-3713rta2018v7n3p36

Donna, K. (2010). *The ITSM Process Design Guide: Developing, Reengineering, and Improving IT Services Management.* Florida: J. Ross Publishing. Retrieved from https://books.google.com.pe/books?id=nVYxsopMSxIC&pg=PA19&dq=ITSM&hl =es-419&sa=X&ved=0ahUKEwjwsv-Nns_ZAhUETt8KHU3yB_gQ6AEIPzAD#v=onepage&q=ITSM&f=false

Duane, H., Corey, A., & De Anna, M. (2018). *5 Steps to a 5: AP Statistics 2019.* Arizona: McGraw Hill Professional.

Dulanto, R., & Palomino, C. (2014). Propuesta de implementación de gestión de servicios de TI en una empresa farinácea. *Sinergia e Innovación UPC*, 19.

Dzul, M. (2019, enero 19). *www.uaeh.edu.mx.* Retrieved from https://www.uaeh.edu.mx: https://www.uaeh.edu.mx/docencia/VI_Presentaciones/licenciatura_en_mercadotec nia/fundamentos_de_metodologia_investigacion/PRES39.pdf

England, R. (2008). *Introduction to Real ITSM.* Mana, Porirua, New Zealand: Two Hills.

Eumed. (2019, mayo 20). *http://www.eumed.net.* Retrieved from www.eumed.net: http://www.eumed.net/tesis-doctorales/2012/mirm/cualitativo_cuantitativo_mixto.html

Exin. (2017, enero 2). *www.exin.com.* Retrieved from https://www.exin.com: https://www.exin.com/es/es/qualification-program/exin-it-service-management-based-isoiec-20000?language_content_entity=es

Finardi, D., & Mayer, L. (2016). Alinhando a governança de TI com os negócios: um estudo entre Cobit e ITIL. *Revista de Tecnologia Aplicada*, 16 - 26. doi: http://dx.doi.org/10.21714/2237-3713rta2016v5n3p16

Flores, D., & Mendivel, I. (2019). Sistema experto para mejorar la salud nutricional mediante la evaluación y recomendación de dietas nutricionales. *Tlatemoani, 32*, 19-30. Retrieved from https://www.eumed.net/rev/tlatemoani/32/dietas-nutricionales.html

Flores, D., Carhuancho, I., Venturo, C., Sicheri, L., & Mendivel, I. (2019). Expert System for Information Technology Services Management. *International Journal of Recent Technology and Engineering,* 9986-9992.

Giarratano, J., & Relay, G. (2001). *Sistemas Expertos: Principio y programación.* Madrid, España: Editorial Internacional Thompson.

Gómez, S. (2012). *Metodología de la investigación.* Tlalnepantla: Red tercer milenio S.C.

Gómez, V. (2014). *EXIN IT Service Management Fundation based on ISO/IEC 20000.* Holanda: EXIN.

Guillen, O., & Valderrama, S. (2015). *Guía para elaborar la tesis universitaria escuela de posgrado.* Lima: Ando Educando.

Hartmann, S., & Ma, H. (2016). *Database and Expert Systems Applications.* Porto: Springer.

Hemerijck, A. (2017). *The Uses of Social Investment.* Oxford: Oxford University Press.

Hercelinskyj, G., & Louise, A. (2018). *Mental Health Nursing: Applying Theory to Practice.* South Melbourne: Cenveo Publisher Services.

Hernández, A., Ramos, M., Placencia, B., Indacochea, B., Quimis, A., & Moreno, L. (2018). *Metodología de la investigación científica.* Alicante: Área de innovación y desarrollo, S.L. doi: http://dx.doi.org/10.17993/CcyLl.2018.15

Hernández, R., Fernández, C., & Baptista, P. (2014). *Metodología de la Investigación.* Distrito Federal: McGraw-Hill.

IBM. (2018, enero 15). *https://w3-03.ibm.com.* Retrieved from https://w3-03.ibm.com: https://w3-03.ibm.com/services/lighthouse/bluetube/videos/12809?seriesId=820

IBM. (2019, junio 1). *w3.itso.ibm.com.* (Redbooks, Ed.) Retrieved from w3.itso.ibm.com: http://w3.itso.ibm.com/abstracts/sg247601.html

Icarte, G. (2016). *Aplicaciones de inteligencia artificial en procesos de cadenas de suministros: una revisión sistemática.* Iquique: Revista chilena de ingeniería. doi: http://dx.doi.org/10.4067/S0718-33052016000400011

Jan Van, B. (2009). *Fundamentos de ITIL V3.* Wellintong: Van Haren Publishing.

Jan, V. (2008). *Gestión de servicios de TI basada en ITIL V3.* Amersfoort, Holanda: Van Haren Publishing.

Jäntti, M., & Cater, A. (2017). Proactive management of IT Operations to improve it services. *Journal of Information Systems and Technology Management*, 191-218. doi: 10.4301/S1807-17752017000200004

Jäntti, Marko. (2017). Proactive Management of IT Operations to Improve IT Services. *Journal of Information Systems and Technology Management*, 191-218. doi:10.4301/S1807-17752017000200004

Juárez, G. (2018, abril 31). *Catedras.facet.unt.edu.ar*. Retrieved from Catedras.facet.unt.edu.ar: https://catedras.facet.unt.edu.ar/intar/wp-content/uploads /sites/31/2018/04/3-Sistemas-Expertos-Ver1-2018.pdf

Juiña, L., Cabrera, H., & Reina, S. (2017). Aplicación de la teoría de restricciones en la implementación de un Sistema de Manufactura CAD-CAM en la industria Metalmecánica-Plástica. *Enfoque UTE*, 16.

Keel, A., & Hodges, R. (2015). *IT Service Management Reference Architecture Series*. Sao Paulo: IBM.

Klashanov, F. (2016). Artificial Intelligence and Organizing Decision in Construction. *Procedia Engineering.*, 1016-1020. doi: https://doi.org/10.1016/ j. proeng.2016.11.813

Klimko, G. (2011). *Knowledge management and maturity models: building common understanding*. Eslovenia: Knowledge Management.

Knapp, D. (2010). *The ITSM Process Design Guide: Developing, Reengineering, and Improving IT*. Los Angeles, Estados Unidos: J. Ross Publishing.

Kornienko, A., Fofanov, O., & Chubik, M. (2015). Knowledge in artificial intelligence systems: searching the strategies for application. *Procedia - Social and Behavioral Sciences*, 589-594.

Krishna, A. (2017). *Become ITIL Foundation Certified in 7 Days: Learning ITIL Made Simple with Real-life examples*. Toongabbie, New South Wales, Australia: Apress. doi: 10.1007/978-1-4842-2164-8

Krishna, A. (2018). *Reinventing ITIL® in the Age of DevOps: Innovative Techniques to Make Processes Agile and Relevant*. Bengaluru: Apress.

Lia, R. (2014). ITSM: um caso de sucesso do modelo Tríplice Hélice. *Revista de Administração da UFSM*, 15. doi:10.5902/1983465911460

Lifeder. (2018, diciembre 21). *https://www.lifeder.com*. Retrieved from lifeder.com: https://www.lifeder.com/investigacion-aplicada/

Lima, O., Silva, V., & Almeida, J. (2017). *Melhores práticas do COBIT, ITIL e ISO/IEC 27002 para implantação de política de segurança da informação em Instituições Federais do Ensino Superior*. Revista Gestão & Tecnología.

Llinás, H. (2018). *Estadística Inferencial*. Barranquilla: Universidad del Norte.

Lloret, J. (2018, enero 25). *Linkedin.com*. Retrieved from https://es.linkedin.com: https://es.linkedin.com/pulse/sistemas-expertos-en-el-diagn%C3%B3stico-m%C3%A9dico-expert-systems-lloret

López, O., & Schuler, J. (2017). *Implementación de buenas prácticas de CMMI – SVC e ITIL para la gestión de servicios de TI en la Pyme Agile Solutions*. Lima: Facultad de Ingeniería y Arquitectura.

Makridakis, S. (2018). The forthcoming Artificial Intelligence (AI) revolution: Its impact on society and firms. *Elsevier Ltd.*, 46-60. doi: https://doi. org/10.1016/j.futures. 2017.03.006

Martínez, C. (2012). *Estadística y Muestreo*. Bogotá: Ecoe Ediciones Ltda.

Mathivet, V. (2018). *Inteligencia Artificial para desarrolladores*. Barcelona: Ediciones ENI.

Medina, Y., & Rico, D. (2016). Modelo de gestión basado en el ciclo de vida del servicio de la Biblioteca de Infraestructura de Tecnologías de Información (ITIL). *Revista Virtual Universidad Católica del Norte*, 23.

Meléndez, K., & Dávila, A. (2017). Problemas en la adopción de modelos de gestión de servicios de tecnologías de información. Una revisión sistemática de la literatura. *Revista DYNA*, 8.

Merchán, V. (2017). *Evaluación de la Calidad de Gobierno de Tecnologías y Sistemas de Información Basada en Valor*. Buenos Aires: Facultad de Informática - Universidad Nacional de La Plata.

Mesquida, A., Mas, A., & Amengual, E. (2016). La madurez de los servicios TI. *REICIS. Revista Española de Innovación, Calidad e Ingeniería del Software*, 11.

Mohan, S. (2016). *BP Introduction to IT Service Management*. UK: Learning Technologies.

Molina, M. (2014). *Fundamentos del ITIL: Introducción a la gestión del servicio de TI*. Lima: New Horizons.

Monje, C. (2011). *Metodología de la investigación cuantitativa y cualitativa: Guía didáctica*. Bogotá: Universidad Sur colombiana.

Mora, D., Castillo, M., Muños, L., & Salas, F. (2018). Despliegue de ITIL como marco de buenas prácticas en las empresas de equipamiento e integración de servicios de video conferencia en Chile y el mundo. *Revista Científica de la UCSA*, 61-72. doi:10.18004/ucsa/2409-8752/2018.005(01)061-072

Oniyilo, T. (2016). *Payroll Fraud Detection and Prevention Audit Expert System*. San Francisco, Estados Unidos: lulu.com.

Overton, L., & Dixon, G. (2019). *Unlocking Potential: Releasing the Potential of the Business and its People Through Learning. 2016–17 Towards Maturity Industry Benchmark Report*. New York: Towards Maturity.

Páez, G., Rohvein, C., Paravie, D., & Jaureguiberry, M. (2018). Revisión de modelos de madurez en la gestión de los procesos de negocios. *Revista chilena de ingeniería*, 14.

Pajares, G., & Santos, M. (2006). *Inteligencia Artificial E Ingeniería del Conocimiento*. Distrito Federal, México: Alfaomega Grupo Editor.

Pardo, C., Chilito, P., Viveros, D., & Pino, F. (2019). Scrum+: A scaled Scrum for the agile global software development project management with multiple models. *Revista Facultad de Ingeniería Universidad de Antioquia*, 105-116. doi: http://dx.doi.org/10.17533//udea.redin.20190519

Pérez, J. (2018). *Los gráficos estadísticos. Sus diferentes tipos y usos para aportar claridad a un informe de investigación*. Múnich: German National Library.

Persse, J. (2012). *The ITIL Process Manual*. Amersfoort, Holanda: Van Haren Publishing.

Pino, R. (2010). *Manual de la Investigación Científica: Guías Metodológicas para elaborar planes y tesis de pregrado, maestría y doctoral*. Lima: Instituto de Investigación Católica Tesis Asesores.

Pino, R., De Abajo, N., & Gómez, A. (2001). *Introducción a la ingeniería artificial: Sistemas expertos, redes neuronales artificiales y computación evolutiva*. España: Servicios de Publicaciones Universidad de Oviedo.

Pino, R., Gómez, A., & de Abajo, N. (2001). *Introducción a la ingeniería Artificial: Sistemas Expertos, Redes Neuronales Artificiales y Computación Evolutiva*. Oviedo: Servicios de Publicaciones Universidad de Oviedo.

Puri, R. (2018). *Artificial Intelligence*. New York: Blueprint. doi: https://doi.org/10.1201/9781315137773

Quintero, L., & Peña, H. (2017). *Modelo basado en ITIL para la Gestión de los Servicios de TI en la Cooperativa de Caficultores de Manizales*. Manizales: Universidad Autónoma de Manizales.

Rivera, C. (2019). *Aplicación ITIL y su efecto en la gestión de resolución de incidencias en el área de soporte de la empresa MDP consulting*. Lima: Repositorio UCV.

Rodrigues, J., Schleder, L., & Magalhães, A. (2019). Agile Scrum Methodology: implementation by the nurse in an educational game on safe medication management. *Revista Gaúcha de Enfermagem*, 1-5. doi: https://doi.org/10.1590/1983-1447.2019.20180302

Rodríguez, J., López, M., & Espinoza, A. (2018). Estudio sobre la implementación del software Help Desk en una institución de educación superior. *PAAKAT: revista de tecnología y sociedad*. doi: http://dx.doi.org/10.18381/pk.a8n14.298

Rodríguez, M. (2017, Julio 20). Diferencia entre investigación cualitativa y cuantitativa. Lima, Lima, Perú.

Roeder, A. (2018). *eBook: Simplify IT Support Management with IBM Technology Support Services*. New York: IBM Technology Support Services.

Ruiz, E. (2010). *MISITILEON (Metodología que Integra Seguridad en ITIL Evolucionada y Orientada a la Normalización)*. Caba: Departamento de Ingeniería de Software y Sistemas Informáticos.

Sacolick, I. (2017). *Driving Digital: The Leader's Guide to Business Transformation Through Technology*. New York: Força Digital.

Sánchez, H., Reyes, C., & Mejía, K. (2018). *Manual de términos en investigación científica, tecnológica y humanística*. Lima: Vicerrectorado de Investigación Universidad Ricardo Palma.

Scheruhn, H., Reinboth, C., & Habel, T. (2018). *Einsatz von ITIL zur Prozessoptimierung im Rechenzentrum der Hochschule Harz am Beispiel des Release Managements*. Friedrichstr: Hochschule Harz.

Servitonic. (2019, mayo 05). *Servicetonic.es*. (Servitonic, Editor) Retrieved 2019, from https://www.servicetonic.es: https://www.servicetonic.es/service-desk/que-es-itsm/

Skillsoff. (2018). *Introduction to Artificial Intelligence*. New York: E-learning Support.

Solíz, D. (2019). *Cómo hacer un Perfil Proyecto de Investigación Científica*. Bloomington: Palibrio.

Sousa, K., & Oz, E. (2017). *Administración de los sistemas de información*. Distrito Federal: Cengage Learning Editores, S.A.

Steinberg, R. (2015). *Implementing ITSM*. Arizona: Trafford Publishing. Retrieved from https://books.google.com.pe/books?id=CuuUAwAAQBAJ&pg=PP13&dq=itsm&hl=es-

419&sa=X&ved=0ahUKEwjmpqKaoNDZAhWvmuAKHb6iDd0Q6AEITzAF#v=o
nepage&q=itsm&f=false

STI. (2014). *Plano de Governança de Tecnologia de Informação.* Rio de Janeiro: Universidade Federal Fluminense.

Supo, J. (2014). *Seminarios de Investigación Científica: Metodología de la Investigación Para las Ciencias de la Salud.* Arequipa: Bioestadístico EIRL.

Surdak, C. (2018). *A Revolução Digital.* São Paulo, Brasil: DVS Editora. Retrieved from https://www.getabstract.com/en/summary/a-revolucao-digital/35162?u=ibm_corporation

Susskind, J. (2018). *Future Politics: Living Together in a World Transformed by Tech.* Oxford: Oxford University Press.

Tanovic, A., & Mastorakis, N. (2016). Advantage of using Service Desk Management Systems in real organizations. *International Journal of Economics and Management Systems, 1*(ISSN: 2367-8925), 81-86.

Torres Hernández, Z. (2014). *Teoría general de la Administración.* México: Grupo Editorial Patria.

TSO. (2017). *Service Design.* Norwich: Office of Government Commerce.

TSO. (2017). *The Official Introduction to the ITIL Service Lifecycle.* Norwich, UK: Office of Government Commerce.

UNNE. (2019, enero 29). *Universidad Nacional del Nordeste.* Retrieved from http://ing.unne.edu.ar: http://ing.unne.edu.ar/pub/hidrologia/hidro-tp2.pdf

Vásquez, E. (2017). *Sistema experto para la gestión de incidentes de TI.* Lima.

Venegas, L., Esparza, F., & Guerrón, D. (2017). *Evaluación y auditoría de sistemas tecnológicos: estudios de casos resueltos.* Alicante: Área de innovación y desarrollo, s.l.

Vieira, M., & Souza, J. (2015). *Maturidade dos Processos de Gerenciamento de Serviços de Tecnologia da Informação na Administração Direta Federal.* Rio de Janeiro: Journal of Information Systems and Technology Management.

Vilcahuamán, R. (2016). *Sistema inteligente para la supervisión y Monitoreo de la calidad del servicio eléctrico.* Callao: Sección de posgrado de la facultad de ingeniería Universidad Nacional del Callao.

Von Bertalanffy, L. (1968). *Teoría General de los Sistemas.* México: Fondo de cultura económica.

Weed-Schertzer, B. (2019). *Delivering ITSM for Business Maturity: A Practical Framework.* Bingley: Emerald Publishing Limited.

Xataka. (2019, mayo 07). *www.xataka.com.* Retrieved from www.xataka.com: https://www.xataka.com/robotica-e-ia

Yandri, R., Nugeraha, D., & Zahra, A. (2019). Evaluation Model for the Implementation of Information Technology Service Management using Fuzzy ITIL. *Procedia Computer Science, Volume 157*(10.1016/j.procs.2019.08.169), 290-297.

# Anexos

## Anexo 1. Matriz de consistencia

**MATRIZ DE CONSISTENCIA**

**TÍTULO:** Sistema experto para la gestión de servicios de tecnologías de la información en la empresa Sion Global Solutions, Lima 2019

**AUTOR: Mg. Flores Zafra, David**

| PROBLEMA | OBJETIVOS | HIPÓTESIS | VARIABLES E INDICADORES | | | |
|---|---|---|---|---|---|---|
| **Problema de investigación:** ¿En qué medida un sistema experto mejora la gestión de servicios de TI en la empresa Sion Global Solution? | **Objetivo de investigación:** Demostrar en qué medida un sistema experto mejora la gestión de servicios de TI en la empresa Sion Global Solution | **Hipótesis de investigación** $H_i$: Un sistema experto mejora la gestión de servicios de TI en la empresa Sion Global Solution. | **Variable Independiente:** Sistema experto | | | |
| | | | **Dimensiones** | **Indicadores** | **Ítems** | **Niveles o rangos** |
| **Problemas específicos** **Problema específico 1** ¿En qué medida un sistema experto mejora la dimensión tiempo en la evaluación del modelo de madurez para la gestión de servicios de TI en la empresa Sion Global Solution? | **Objetivos específicos.** **Objetivo específico 1** Demostrar en qué medida un sistema experto mejora el tiempo de evaluación de la fase de los servicios de diseño, transición y operación de la GSTI en la empresa Sion Global Solution. | **Hipótesis nula** $H_0$: Un sistema experto no mejora la gestión de servicios de TI en la empresa Sion Global Solution | Tiempo | Tiempo total del ciclo de vida del sistema experto. Tiempo promedio del proceso de análisis del sistema experto. Tiempo promedio del proceso construcción. | Tiempo total | Minutos Segundos |
| | | **Hipótesis específica 1** El sistema experto mejora el tiempo de evaluación de la fase de los servicios de diseño, transición y operación de la GSTI en la empresa Sion Global Solution, 2019. | **Variable Dependiente:** Gestión de servicios de tecnologías de información | | | |
| | | | **Dimensiones** | **Indicadores** | **Ítems** | **Niveles o rangos** |
| **Problema específico 2** ¿En qué medida un sistema experto mejora la dimensión confiabilidad en los modelos de madurez para la gestión de servicios de TI en la empresa Sion Global Solution? | **Objetivo específico 2** Demostrar en qué medida un sistema experto mejora la confiabilidad en la evaluación de la fase de los servicios de diseño, transición y operación de la | **Hipótesis específica 2** El sistema experto mejora el nivel de confiabilidad en la evaluación de la fase de los | Tiempo | Tiempo de evaluación de los niveles de madurez. Tiempo de determinación de los niveles de madurez. Tiempo total de evaluación de la gestión de servicio de TI | Tiempo total | Minutos Segundos |

| Problema específico 3 | GSTI en la empresa Sion Global Solution. | servicios de diseño, transición y operación de la GSTI en la empresa Sion Global Solution, 2019. | Confiabilidad | Nivel de confiabilidad en la evaluación de los niveles de madurez de la Gestión de servicios de TI. | Nivel de confiabilidad | Porcentaje |
|---|---|---|---|---|---|---|
| ¿En qué medida un sistema experto mejora la dimensión eficiencia en los modelos de madurez para la gestión de servicios de TI en la empresa Sion Global Solution? | **Objetivo específico 3**<br>Demostrar en qué medida un sistema experto mejora la eficiencia en la evaluación de la fase de los servicios de diseño, transición y operación de la GSTI en la empresa Sion Global Solution. | **Hipótesis específica 3**<br>El sistema experto mejora el nivel de nivel de eficiencia en la evaluación de la fase de los servicios de diseño, transición y operación de la GSTI en la empresa Sion Global Solution, 2019. | **Eficiencia** | Eficiencia en la evaluación de madurez de la gestión de servicios de TI. | Nivel de eficiencia | Porcentaje |

| TIPO Y DISEÑO DE INVESTIGACIÓN | POBLACIÓN Y MUESTRA | TÉCNICAS E INSTRUMENTOS | ESTADÍSTICA | | |
|---|---|---|---|---|---|
| **TIPO:**<br>**Tipo de investigación**<br>Experimental<br><br>**DISEÑO:**<br><br>**Diseño de investigación**<br>Preexperimental<br><br>**MÉTODO:**<br>Cuantitativo | **POBLACIÓN:**<br>16 empresas tecnológicas<br><br>**TIPO DE MUESTRA:** Aleatoria – probabilístico.<br><br>**TAMAÑO DE MUESTRA:**<br><br>La muestra corresponde a 16 evaluaciones de empresas tecnológicas. | **Variable dependiente:** Indicador tiempo de evaluación de los niveles de madurez<br><br>**Técnicas:** Observación<br><br>**Instrumentos:** Ficha de observación, cronometro.<br>Monitoreo: presencial<br>Ámbito de aplicación: Empresas Tecnológicas. | **DESCRIPTIVA:**<br>Para la prueba de hipótesis, se aplicó la estadística descriptiva e inferencial. En la estadística descriptiva se calculó los estadígrafos como la varianza, la media, la suma, desviación típica, y los valores mínimos y máximos tanto del grupo de pre-test y post-test. Además de la diferencia entre ambos valores, y así poder estimar cuál estadígrafo utilizar.<br>**INFERENCIAL:**<br>Para el análisis de las variables en la presente investigación, primero se procedió a utilizar el método de dobles masas para determinar la inconsistencia de los datos. Luego se procedió a utilizar Shapiro-Wilk para determinar la prueba de normalidad, porque el tamaño de muestra es menor a 30 y por último se aplicó la prueba de Shapiro-Wilk. | | |

Anexo 2. Metodología de desarrollo del sistema experto

En el desarrollo de la metodología CommonKADS se elaboraron los siguientes entregables.

## 1. Modelo de la organización.

### Formulario MO1

**Problemas:**

- Las evaluaciones de los servicios de tecnologías de información, no se completaban en su totalidad.
- Existe la pérdida de tiempo en la evaluación de los niveles de madurez por tener un mecanismo tradicional para su realización.
- Determinaciones incongruentes, por no tener todos los procesos medidos para la gestión de servicios de TI.

**Oportunidades:**

- Existe alta demanda de empresas que necesitan evaluar sus procesos, en busca de la mejora continua.
- Necesidad de obtener una herramienta que brinde información confiable, eficiente y en un menor tiempo posible las evaluaciones de nivel de madurez.

**Solución 1:**

- Desarrollar un sistema experto para el proceso de determinación de los niveles de madurez de la gestión de tecnologías de información.

**Solución 2:**

- Contratar especializado en ITIL, para que oriente y alinea todos los procesos y a su vez, compartan sus experiencias para la medición de los niveles de madurez.

**Solución 3:**

- Capacitar al personal actual en gestión de procesos de TI, alineado a la mejora continua en los procesos de gestión de servicios tecnológico.

**Objetivos del Sistema Experto**

- Disminuir el tiempo de evaluación de los niveles de madurez y determinación del estado actual.
- Incrementar los niveles de eficiencia, confiabilidad y disponibilidad en las evaluaciones y determinación.

**Formulario MO2**

A continuación, se muestra los procesos, personas, recursos, conocimiento y cultura como parte de los aspectos variables.

| OMS-2 | Aspectos variables |
| --- | --- |
| **Estructura** | Organigrama |
| **Procesos** | Proceso de registro |
| | Proceso de evaluaciones |
| | Proceso de determinar niveles de madurez |
| **Personas** | Especialista de IT |
| | Sénior IT |
| | Gestor de proyectos |
| **Recursos** | Materiales: Fichas de evaluación de procesos |
| | Evaluaciones consolidadas |
| | Ficha en Excel |
| **Conocimiento** | Conocimiento del empleado (reglamento de los procesos). |
| | Conocimiento de la evaluación de los niveles de madurez |
| | Conocimiento de la correcta interpretación de las evaluaciones y en la determinación de los niveles de madurez. |
| | Conocimiento para analizar y calificar las actividades de los procesos. |
| | Conocimiento del protocolo para la evaluación. |
| **Cultura y poder** | Para el proceso de evaluación de los niveles de madurez, se lleva a cabo en las áreas de tecnologías de información, el cual se basa en el conocimiento y de los protocolos brindados por los especialistas de TI, quienes aplican ITIL v3. |

*Nota*: Estos datos han sido listados según las reuniones agendadas.

## Descomposición de procesos

*MO descripción de procesos - gestión de evaluaciones*

| Modelo Organizacional | | Descripción de Procesos: Proceso de Registro | | | | |
|---|---|---|---|---|---|---|
| N° | Tarea | Agente | Donde | Recursos de conocimiento | Intensivo | Importancia |
| 1.1 | Obtener la petición del paciente. | Empleado<br><br>Paciente | Admisión | Conocimiento del empleado (reglamento del policlínico). | | Alta |

*Nota*: Estos datos han sido recopilados del área de TI.

*MO - Descripción de Procesos - Proceso de evaluación*

| Modelo Organizacional | | Descripción de Procesos: Proceso de evaluación | | | | |
|---|---|---|---|---|---|---|
| N° | Tarea | Agente | Donde | Recursos de Conocimiento | Intensivo | Importancia |
| 1.2 | Obtener Información de la empresa | Empleado<br><br>Especialista | Área de IT | Conocimiento de revisar, analizar e interpretar los resultados de las evaluaciones en proceso y culminadas. | Si | Alta |
| 1.3 | Evaluación de los niveles de madurez | Empleado<br><br>Especialista | Área de IT | Conocimiento de la evaluación y determinación de los valores críticos de medición y ponderación sobre cada proceso de TI. | Si | Muy Alta |
| 1.4 | Determinar los niveles de madurez | Empleado<br><br>Paciente | Área de TI | Conocimiento de la determinación de los valores críticos de medición y ponderación sobre cada proceso de TI. | Si | Muy Alta |

*Nota*: Estos datos han sido recopilados del área de TI.

**Formulario MO-3**

## Activo de Conocimiento

*OM-3 Tarjeta sobre recursos de conocimiento*

| Modelo Organizacional | OM-3 Tarjeta sobre recursos de conocimiento | | | | | |
|---|---|---|---|---|---|---|
| **Recurso de Conocimiento** | **Agente** | **Usado por:** | **¿Forma Correcta?** | **¿Lugar Correcto?** | **¿Tiempo Correcto?** | **¿Calidad Correcta?** |
| Conocimiento del empleado | Empleado | 1.1 | Si | Si | Si | Si |
| Conocimiento de tecnologías d información y sus servicios de ITIL<br><br>Conocimiento de los procesos críticos en ITIL | Especialista | 1.2 | Si | Si | Si | si |
| Conocimiento de la evaluación y los subprocesos para la evaluación de los niveles de madurez.<br><br>Conocimiento de la correcta interpretación del informe final de las evaluaciones de madurez. | Especialista Sénior | 1.3<br><br>1.4 | Si | Si | Si | Si |
| Conocimiento en la determinación de los niveles de madurez, según el enfoque de ITIL. | Especialista | 1.4 | Si | Si | Si | Si |

*Nota*: Estos datos han sido recopilados del proceso tradicional.

**Formulario OM-4**

**Elementos Documento Viabilidad**

|  |  | Valor |
|---|---|---|
| **Viabilidad del Negocio** | Se espera una alta tasa de recuperación de la inversión. | 9 |
|  | Resuelve una tarea útil y necesaria. | 9 |
|  | Sirve de apoyo a los especialistas técnicos de TI. | 9 |
|  | Los especialistas en ITIL son capaces de sentirse intelectualmente unido al proyecto. | 8 |
|  | La mentalización de los directivos y usuarios con expectativas realistas en el alcance y en las limitaciones. | 7 |
|  | Los directivos y usuarios no rechazan de plano esta tecnología. | 7 |
|  | El especialista está comprometido durante toda la duración del proyecto. | 9 |
| | **Puntaje** | **58** |
| **Viabilidad Técnica** | Existe el especialista | 9 |
|  | El especialista es cooperativo | 9 |
|  | Hay escasez de experiencia humana | 7 |
|  | Hay cambios mininos en los procedimientos habituales de resolución de la tarea. | 7 |
|  | Las soluciones son explicables e interactivas. | 5 |
|  | La experiencia usada por los especialistas en TI está más o menos organizada. | 5 |
|  | La tarea es básicamente de tipo heurístico. | 6 |
| | **Puntaje** | **48** |
| **Viabilidad del Proyecto** | El sistema puede ser introducido fácilmente. | 7 |
|  | El sistema puede ser mantenido. | 9 |
|  | El sistema puede ser integrado con recursos existentes. | 8 |
|  | El problema es solucionable | 9 |

| | | |
|---|---|---|
| Los directivos están verdaderamente comprometidos en el proyecto | 8 | |
| Los médicos especialistas tienen un brillante historial en la realización de esa tarea. | 7 | |
| La única justificación para dar un paso en la solución es la calidad de la solución final. | 7 | |
| La tarea está identificada como un problema en el área. | 9 | |
| La tarea sirve a necesidades a largo plazo. | 8 | |
| Existen ya sistemas inteligentes que resuelvan esa o parecidas tareas. | 5 | |
| **Puntaje** | **72** | |
| **Puntaje Total** | **183** | |

*Nota*: Estos datos han sido recopilados según la viabilidad del proyecto.

## 2. Modelo de tarea.

Este modelo describe las tareas que realizan los agentes de la organización.

*Ítem de conocimiento del empleado*

| Naturaleza del conocimiento | (Si/No) | ¿Cuello de botella / debe ser mejorado? |
|---|---|---|
| Formal, riguroso | Si | - |
| Empírico, cuantitativo | - | - |
| Heurístico, sentido común | Si | - |
| Altamente especializado | Si | - |
| Basado en experiencia | Si | - |
| Basado en acciones | - | - |
| Incompleto | - | - |
| Difícil de Verificar | - | - |
| Tácito, difícil de transferir | No | Si |
| Forma del Conocimiento | - | Si |
| Mental | - | - |
| Papel | Si | Si |

| | Si | - |
|---|---|---|
| Electrónica | Si | - |
| Habilidades | - | - |
| Otros | - | - |
| Disponibilidad del Conocimiento | - | Si |
| Limitaciones en tiempo | No | Si |
| Limitaciones en espacio | No | Si |
| Limitaciones de forma | Si | Si |

*Nota*: Estos datos han sido recopilados según el proceso de TI.

*Cuello de botella – Ítem de conocimiento del especialista técnico*

| Naturaleza del Conocimiento | (Si/No) | ¿Cuello de botella / debe ser mejorado? |
|---|---|---|
| Formal, riguroso | Si | - |
| Empírico, cuantitativo | Si | - |
| Heurístico, sentido común | Si | - |
| Altamente especializado | - | - |
| Basado en experiencia | Si | - |
| Incompleto | Si | Si |
| Incierto | - | - |
| De cambio rápido | Si | Si |
| Difícil de verificar | - | - |
| Tácito, difícil de transferir | - | - |
| Forma del Conocimiento | - | - |
| Mental | - | - |
| Papel | Si | Si |
| Electrónica | No | Si |
| Habilidades | Si | Si |
| Otros | - | - |
| Disponibilidad del conocimiento | - | - |
| Limitaciones en tiempo | No | Si |

| Limitaciones en espacio | No | Si |
| Limitaciones de acceso | - | - |
| Limitaciones de calidad | Si | Si |
| Limitaciones de Forma | Si | Si |

*Nota*: Estos datos han sido recopilados según el proceso de IT.

### 3. Modelo de diseño.

*Arquitectura del sistema*

| Modelo de diseño | Arquitectura del sistema |
|---|---|
| Modelo de control | |
| | El agente humano (especialista) registra los datos de la empresa, y es ahí donde el sistema inteligente empieza su intervención para poder recabar información y evaluar los niveles de madurez de la gestión de TI de forma personalizada. |

*Nota*: Estos datos han sido recopilados del área de TI.

Especificación de la Plataforma

| Modelo de diseño | Especificación de la plataforma de implementación |
|---|---|
| Software | PHP – MySQL 5.6 |
| Sistema Operativo | Windows 10 64x |
| Hardware | Portátil |
| Lenguaje de Programación | PHP |
| Representación del conocimiento | Reglas de Conocimiento |

*Nota*: Estos datos han sido recopilados según del área de TI.

**Metodología del desarrollo del sistema**

A continuación, se describe el desarrollo del sistema experto de acuerdo con la metodología RUP:

**Requerimientos del Sistema**

**Requerimientos Funcionales**

*Lista de requerimientos funcionales del sistema*

| Código | Requerimiento Funcional | Prioridad |
| --- | --- | --- |
| RF1 | El sistema permitirá loguearse para interactuar con el sistema web | Alta |
| RF2 | El sistema registrará la empresa | Alta |
| RF3 | El sistema permitirá realizar evaluaciones de niveles de madurez | Alta |
| RF4 | El sistema permitirá registrar el cumplimiento de cada proceso de TI | Alta |
| RF5 | El sistema registra los avances según las fases de ITIL y sus procesos. | Alta |
| RF6 | El sistema realizara las evaluaciones de nivel de madurez para cada proceso | Alta |
| RF7 | El sistema realizara un reporte de las evaluaciones realizadas | Alta |
| RF8 | El sistema permitirá cambiar la contraseña del usuario que ha ingresado al sistema. | Alta |
| RF9 | El sistema tendrá deshabilitado el botón de creación de usuario debido a la integración con el directorio activo del dominio. | Media |
| RF10 | El sistema permitirá integrarse al sistema transaccional | Media |

**Interfaces de Pantalla del sistema web**

En la siguiente figura 16, se visualiza la ventana principal de logueo, para poder acceder al sistema. El ingreso al sistema se realiza mediante la dirección web http://siongs.com/evaluator y respaldada en la url: http://evaluador.mypeya.com

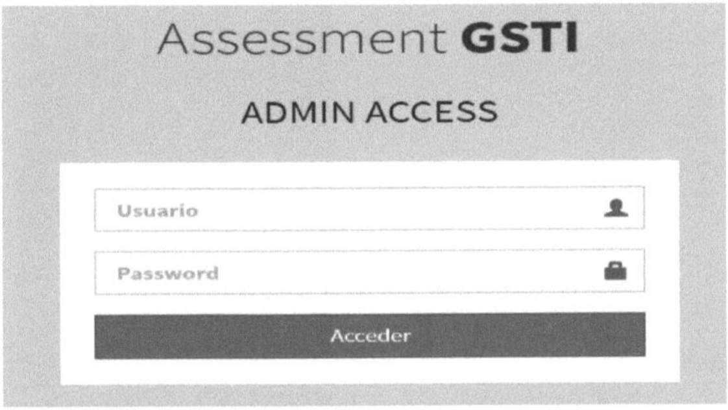

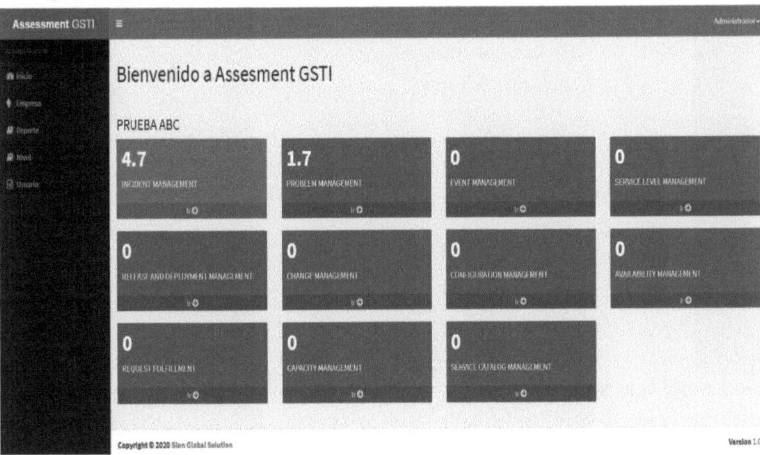


Figura 16. Interfaz GUI de usuario

En la siguiente figura 17, se visualiza la última empresa activa que haya presentado una evaluación de TI.



*Figura 17*. Interface 2 - IU Menú Principal.

En la siguiente figura 18, se visualiza el listado de empresas que ejecutaran las evaluaciones de los niveles de madurez en la GSTI.

59

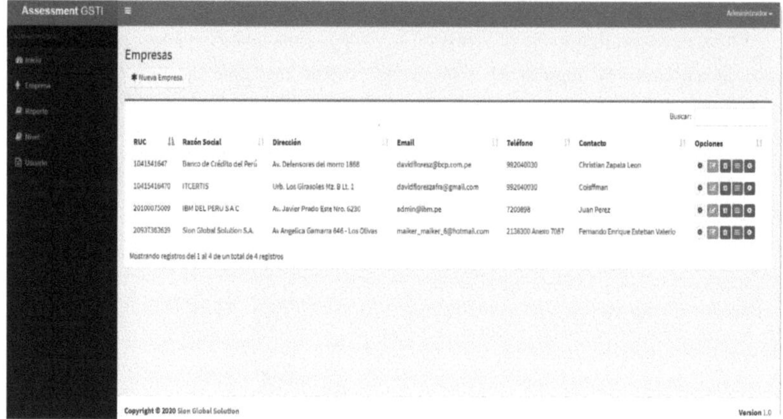

*Figura 18.* Interface 3 - IU Menú registro de empresas.

En la siguiente figura 19, se visualiza el editor de registro de empresas como parte del mantenimiento.

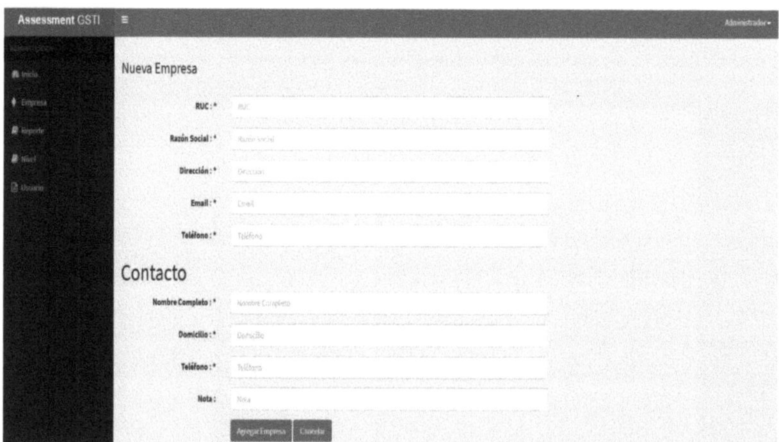

*Figura 19.* Interface 4 - IU Nueva empresa

En la siguiente figura 20, se visualiza el reporte grafico en la determinación de los niveles de madurez.

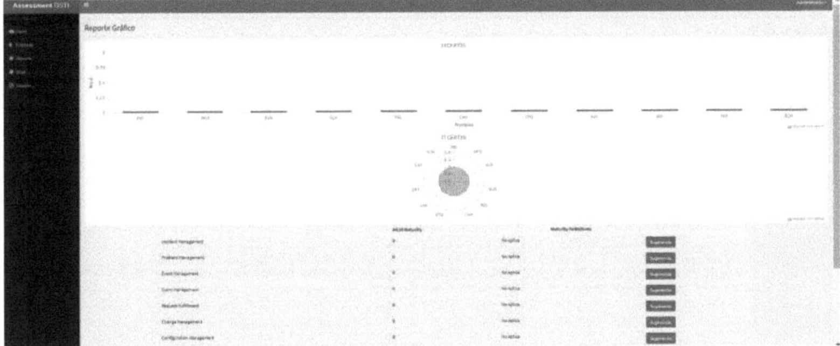

*Figura 20.* Reporte grafico

En la siguiente figura 21, se visualiza los niveles de evaluación para cada proceso.

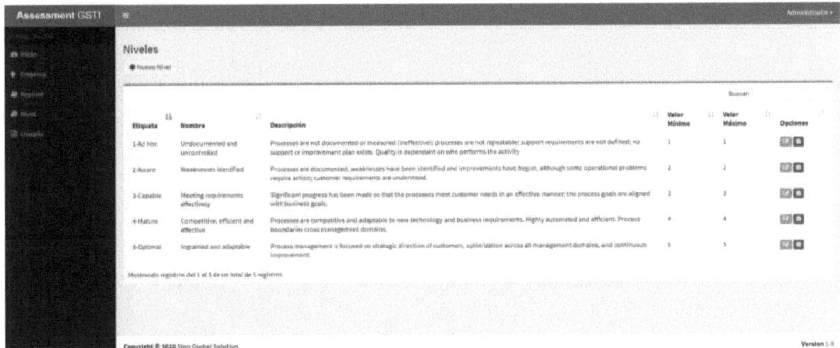

*Figura 21.* Reporte grafico

En la siguiente figura 22, se visualiza el mantenimiento de los usuarios.

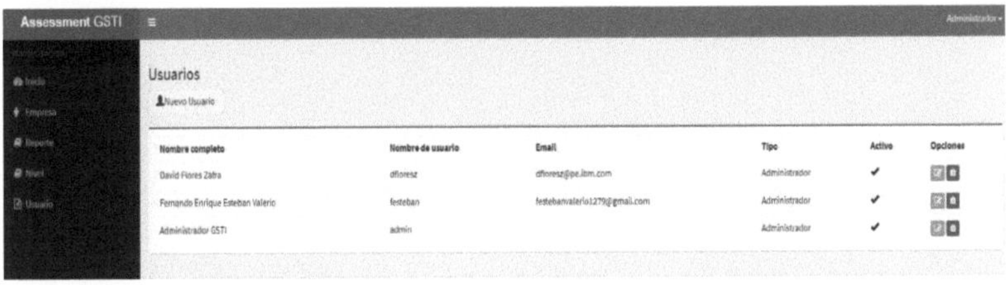

*Figura 22.* Mantenimiento de usuarios.

En la siguiente figura 23, se visualiza proceso de gestión de incidentes.

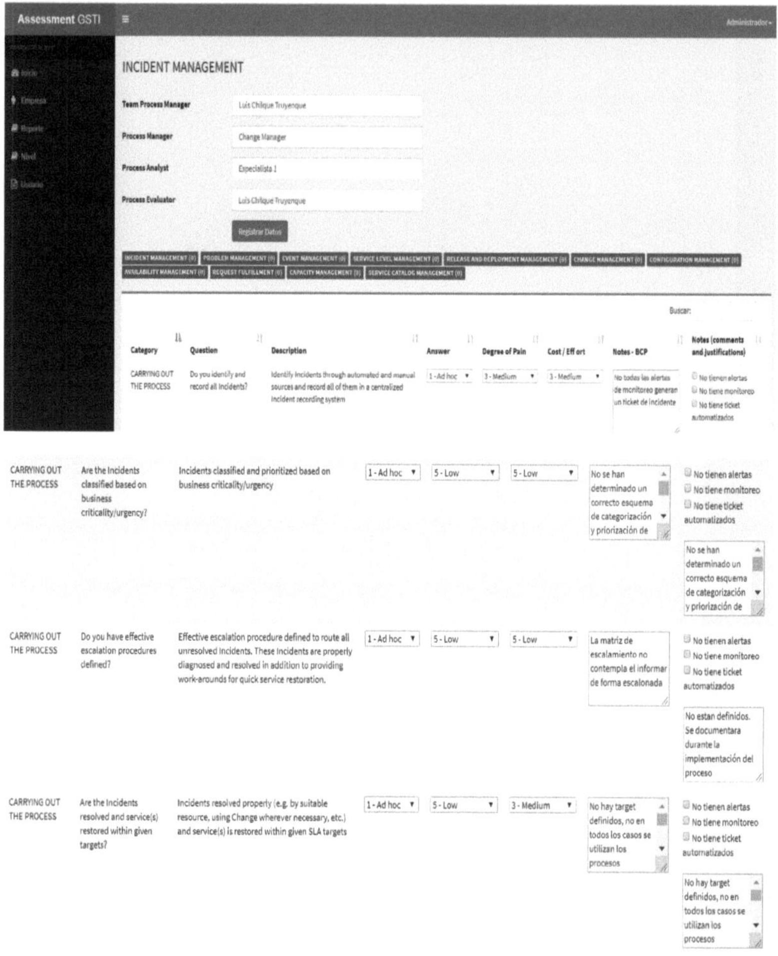

*Figura 23.* Gestión de incidentes

En la siguiente figura 24, se visualiza los resultados consolidados de la evaluación por cada proceso

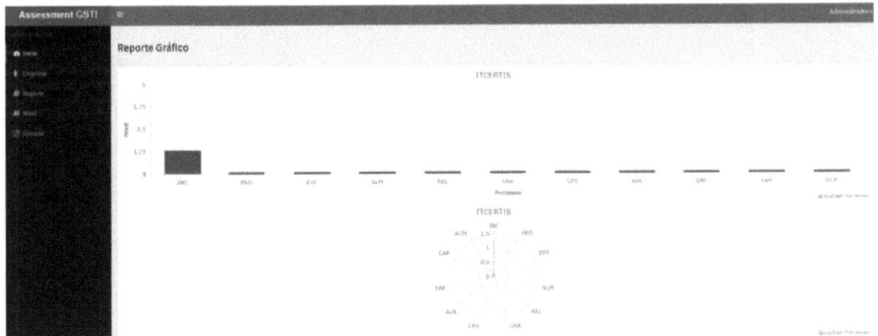

Figura 24. Niveles de madurez.

En la siguiente figura 25, se visualiza el detalle de los resultados evaluados

| | AS-IS Maturity | | | Maturity Definitions | |
|---|---|---|---|---|---|
| Incident Management | 1.3 | 1-Ad hoc | Undocumented and uncontrolled | Processes are not documented or measured (ineffective); processes are not repeatable; support requirements are not defined; no support or improvement plan exists. Quality is dependant on who performs the activity | Sugerencia |
| Problem Management | 0 | No Aplica | | | Sugerencia |
| Event Management | 0 | No Aplica | | | Sugerencia |
| Event Management | 0 | No Aplica | | | Sugerencia |
| Request Fulfillment | 0 | No Aplica | | | Sugerencia |
| Change Management | 0 | No Aplica | | | Sugerencia |
| Configuration Management | 0 | No Aplica | | | Sugerencia |
| Availability Management | 0 | No Aplica | | | Sugerencia |
| Capacity Management | 0 | No Aplica | | | Sugerencia |
| Release & Deployment Management | 0 | No Aplica | | | Sugerencia |
| Service Level Management | 0 | No Aplica | | | Sugerencia |

Cancelar

Figura 25. Detalle de resultados

**Diagrama de Componentes**

En la figura 26 se muestra la organización y la dependencia entre los componentes del sistema experto.

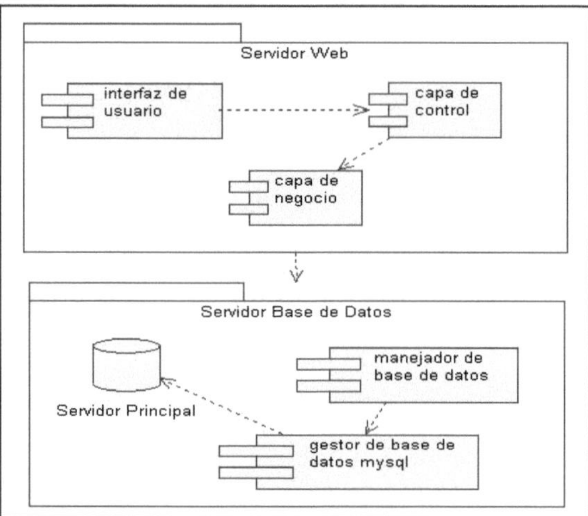


*Figura 26.* Diagrama de componentes del sistema experto.

Anexo 3. Formatos de recopilación de datos – tiempo

| Ítem | Empresa | Ficha de observación de la dimensión tiempo | | | | | | | | | | | | | | | | | |
| --- | --- | --- | --- | --- | --- | --- | --- | --- | --- | --- | --- | --- | --- | --- | --- | --- | --- | --- | --- |
| | | PRE-TEST | | | | | | | | | POST-TEST | | | | | | | | |
| | | Trasition Service (TEGSTI) | Operation Service (TEGSTI) | Design Service (TEGSTI) | Sub Total por fases (TEGSTI) | Trasition Service (TCNM) | Operation Service (TCNM) | Design Service (TCNM) | Sub Total por fases (TCNM) | Tiempo (Pre-Test) | Empresa | Trasition Service (TEGSTI) | Operation Service (TEGSTI) | Design Service (TEGSTI) | Sub Total por fases (TEGSTI) | Trasition Service (TCNM) | Operation Service (TCNM) | Design Service (TCNM) | Sub Total por fases (TCNM) | Tiempo (Post-Test) |
| | | | | | | | | | | | | | | | | | | | |
| | | | | | | | | | | | | | | | | | | | |
| | | | | | | | | | | | | | | | | | | | |
| | | | | | | | | | | | | | | | | | | | |
| | | | | | | | | | | | | | | | | | | | |
| | | | | | | | | | | | | | | | | | | | |
| | | | | | | | | | | | | | | | | | | | |
| | | | | | | | | | | | | | | | | | | | |
| | | | | | | | | | | | | | | | | | | | |
| | | | | | | | | | | | | | | | | | | | |
| | | | | | | | | | | | | | | | | | | | |
| | | | | | | | | | | | | | | | | | | | |
| | | | | | | | | | | | | | | | | | | | |
| | | | | | | | | | | | | | | | | | | | |
| | | | | | | | | | | | | | | | | | | | |
| | | | | | | | | | | | | | | | | | | | |

Anexo 4. Formatos de recopilación de datos - confiabilidad

| | | Ficha de observación de la dimensión confiabilidad | | | | | | | | | | | | |
|---|---|---|---|---|---|---|---|---|---|---|---|---|---|---|
| | PRE-TEST | | | | | | | POST-TEST | | | | | | |
| Ítem | Empresa | Trasition Service | Operation Service | Design Service | Evaluaciones mal efectuadas | Nro. De Evaluaciones | Porcentaje de Confiabilidad | Empresa | Trasition Service | Operation Service | Design Service | Evaluaciones mal efectuadas | Nro. De Evaluaciones | Porcentaje de Confiabilidad |
| | | | | | | | | | | | | | | |
| | | | | | | | | | | | | | | |
| | | | | | | | | | | | | | | |
| | | | | | | | | | | | | | | |
| | | | | | | | | | | | | | | |
| | | | | | | | | | | | | | | |
| | | | | | | | | | | | | | | |
| | | | | | | | | | | | | | | |
| | | | | | | | | | | | | | | |
| | | | | | | | | | | | | | | |
| | | | | | | | | | | | | | | |
| | | | | | | | | | | | | | | |
| | | | | | | | | | | | | | | |
| | | | | | | | | | | | | | | |
| | | | | | | | | | | | | | | |

Anexo 5. Formatos de recopilación de datos – eficiencia

| | Ficha de observación de la dimensión eficiencia | | | | | | | | | |
| | PRE-TEST | | | | | POST-TEST | | | | |
| Ítem | Empresa | Confiabilidad | Tiempo de evaluación de GSTI | Tiempo total de evaluación | Nivel de eficiencia de la evaluación de GSTI | Empresa | Confiabilidad | Tiempo de evaluación de GSTI | Tiempo total de evaluación | Nivel de eficiencia de la evaluación de GSTI |
|---|---|---|---|---|---|---|---|---|---|---|
| | | | | | | | | | | |
| | | | | | | | | | | |
| | | | | | | | | | | |
| | | | | | | | | | | |
| | | | | | | | | | | |
| | | | | | | | | | | |
| | | | | | | | | | | |
| | | | | | | | | | | |
| | | | | | | | | | | |
| | | | | | | | | | | |
| | | | | | | | | | | |
| | | | | | | | | | | |
| | | | | | | | | | | |
| | | | | | | | | | | |

# Anexo 6. Validación del instrumento

<u>**VALIDACIÓN DE INSTRUMENTO**</u>

**I. DATOS GENERALES**

Apellidos y Nombres: Christian Zapata León

1.2. Cargo e Institución donde Labora: Banco de Crédito del Perú

1.3. Nombre del Instrumento motivo de Evaluación: **Ficha de observación: Tiempo, confiabilidad y eficiencia en la evaluación de los niveles de madurez de la GSTI.**

1.4. Título de la Investigación:

**Sistema experto para la gestión de servicios de tecnologías de la información en la empresa Sion Global Solutions, Lima 2019**

1.5. Autor: Mg. Flores Zafra, David

**II. ASPECTOS DE VALIDACIÓN**

| INDICADORES | CRITERIOS | Deficiente 0 – 20% | Regular 21 – 50% | Bueno 51 – 70% | Muy Bueno 71 – 80% | Excelente 81 – 100% |
|---|---|---|---|---|---|---|
| 1. CLARIDAD | Está formulado con el lenguaje apropiado. | | | | 80% | |
| 2. OBJETIVIDAD | Está expresado en conducta observable. | | | | 80% | |
| 3. ACTUALIDAD | Es adecuado al avance de la ciencia y tecnología. | | | | | 90% |
| 4. ORGANIZACIÓN | Existe una organización lógica. · | | | | | 90% |
| 5. SUFICIENCIA | Comprende los aspectos de cantidad y calidad. | | | | 80% | |
| 6. INTENCIONALIDAD | Adecuado para valorar aspectos del sistema metodológico y científico. | | | | | 90% |
| 7. CONSISTENCIA | Está basado en aspectos teóricos, científicos acordes a la tecnología educativa. | | | | | 90% |
| 8. COHERENCIA | Entre los índices, indicadores, dimensiones. | | | | 80% | |
| 9. METODOLOGIA | Responde al propósito del trabajo bajo los objetivos a lograr. | | | | 80% | |
| 10. PERTINENCIA | El instrumento es adecuado al tipo de Investigación. | | | | 80% | |
| PROMEDIO DE VALIDACIÓN | | | | | | 84% |

*Nota:* Instrumento de validación.

**III. PROMEDIO DE VALORACIÓN:**

**IV. OPCION DE APLICABILIDAD:**

    ( X ) El Instrumento puede ser aplicado, tal como está elaborado.

    (    ) El Instrumento debe ser mejorado, antes de ser aplicado.

Anexo 7. Autorización de la empresa

Señor:

**Mg. Flores Zafra David**

Presente. -

**Asunto:** Autorización para el acceso a la información de la empresa Sion Global Solution.

Tengo el agrado de dirigirme a usted en relación con su solicitud del asunto de la referencia de comunicarle la aceptación de brindarle las facilidades para el acceso a la informacion, a fin de realizar la investigación correspondiente para la elaboración de su tesis denominado Sistema experto para la gestión de servicios de tecnologías de la información en la empresa Sion Global Solutions.

Aprovecho la oportunidad de expresarles los sentimientos de mi mayor consideración y estima personal en el compromiso de sus objetivos profesionales.

Atte.

----------------------------

Rafael Hidalgo Ossco

Gerente General

Anexo 8. Diagrama físico de la Base de Datos

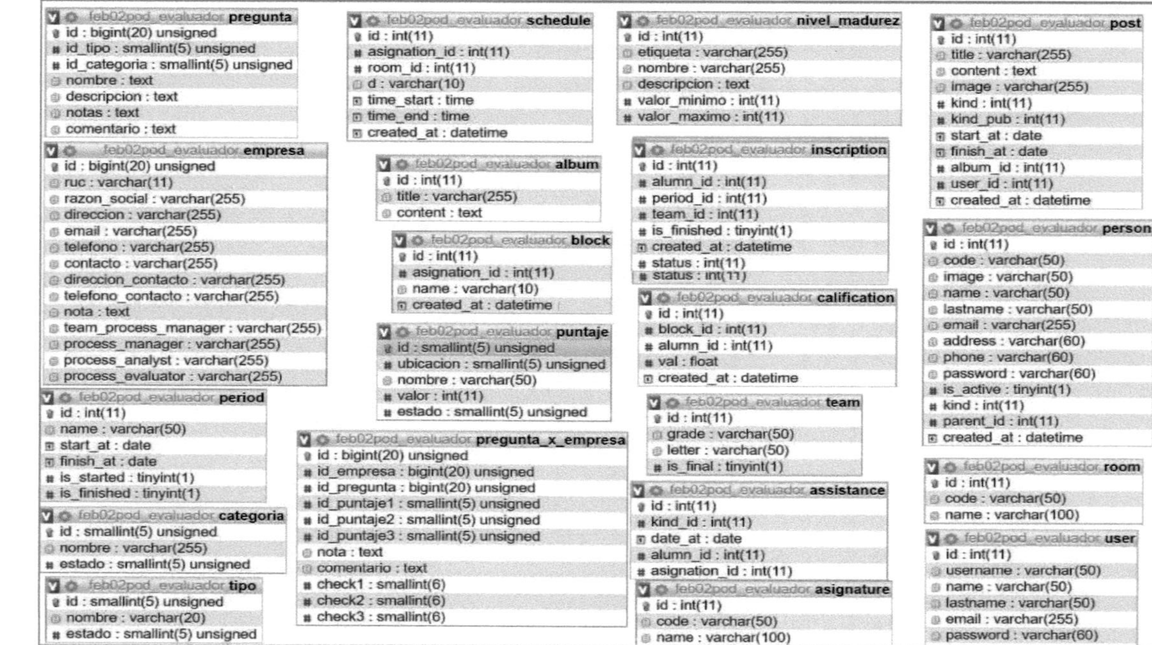

Anexo 9. Artículo científico publicado

International Journal of Recent Technology and Engineering (IJRTE)
ISSN: 2277-3878, Volume-8 Issue-4, November 2019

# Expert System for Information Technology Services Management

Flores Zafra David, Carhuancho Mendoza Irma Milagros, Venturo Orbegoso Carlos Oswaldo,
Sicheri Monteverde Luis Guillermo, Mendivel Landeo Ingrid

*Abstract: In the company it was identified that the level of maturity in relation to the implementation of the systems is inconclusive, there is little confidence, low level of efficiency, and the times exceed what is stipulated. The objective was to demonstrate that the expert system significantly improves the average time, reliability levels, and efficiency in evaluations of maturity levels in the management of IT services of the Sions Company. Likewise, the CommonKADS methodology was used to build the knowledge of the expert system and SCRUM for the active monitoring of the project. Regarding the methodology of scientific research, it was based on the quantitative approach, pre-experimental design; the study population was made up of 16 evaluations of technology companies in Peru. The results showed that the expert system improved the average time in the evaluation of maturity levels by 85%, compared to the traditional system. In this way, the levels of reliability and efficiency improved by approximately 49% compared to the traditional system. In this way, the levels of reliability and efficiency improve in 49% the capacity of response, the quality of the service and the functional availability in the evaluations of the technological management. Therefore, the processes of the service management phases such as design, strategy, transition, operation and continuous improvement benefit by reducing time, costs and increasing its functionality for companies that have technological services as part of the business strategy. Therefore, the expert system would be applied in companies of different areas that have technological services, whose purpose allows to identify the current state of the service and its possible improvement over time.*

*Keywords: Keywords: IT service management, CommonKADS, Scrum, ITIL and Expert system.*

## I. INTRODUCTION

Nowadays, technological advances have expanded and diversified worldwide, being the axis of the multiple opportunities that benefit people and companies in general, although our participation as indirect actors are not enough. The technologies are changing, extensive and diverse, which is why the effort, analysis, understanding, and evaluation of the population is required, because they are transforming realities (economics, customs, businesses, students, entrepreneurs, specialists and processes) that allow improving the labor aspect and the near future of the population. In this sense, the management of IT services is an essential axis as part of the control, monitoring and use of best practices for the benefit of digital transformation. According to Axelos, he says that 70% of professionals in this area argue that organizations have drawn their strategies aligned to technological changes, but without a sincere sense of their evolution. That is to say, when implementing the new technologies, the level of maturity of the companies is not precise and they do not know the way forward to achieve sustainable growth, in this sense according to the data obtained in a study, 61% of professionals recognize the importance of aligning the strategic objectives of the companies with the technological services of the business [1,2,27].

On the other hand, it is essential to use the information technology infrastructure library as a reference framework that promotes the good practices of IT service management, as it is based on standards, rules, procedures, policies, processes, control and continuous improvement for the integration of different technological areas in organizations; in addition to strengthening communication, experience and efficiency in the response time of operational activities [3]. Likewise, all systems development requires the integration of specialized knowledge with the areas involved in the business. It also needs the use of technological tools that improve the quality, availability, usability and reliability of operational services in the shortest possible time. Consequently, technological processes must be combined with the knowledge of people, applications and business strategies.

The importance of using the control mechanisms and the experience of the ITIL reference framework for proper technological management is highlighted since they improve the quality, efficiency and reliability of the services. Likewise, companies have various technological services, within which the use of an ISO or reference framework in IT is suggested to control the management of their services [4].

In Peru, Sions is one of the largest companies in IT services consulting, which has specialists in the areas of technological governance, methodologies of the GSTI and digital transformation for government areas through outsourcing service.

Revised Manuscript Received on November 19, 2019
* Correspondence Author

**Flores Zafra David**, Escuela de Post Grado, Universidad César Vallejo, Lima, Perú. Email: Davidfloreszafra@gmail.com

**Carhuancho Mendoza Irma Milagros**, Escuela de Post Grado, Universidad César Vallejo, Lima, Perú. Email: irmamilagros@yahoo.com

**Venturo Orbegoso Carlos Oswaldo**, Escuela de Post Grado, Universidad César Vallejo, Lima, Perú. Email: cventuro2911@gmail.com

**Sicheri Monteverde Luis Guillermo**, Facultad de Ingeniería y Negocios, Universidad Norbert Wiener, Lima, Perú. Email: luis.sicheri@uwiener.edu.pe

**Mendivel Landeo Ingrid**, Vicerrectorado de Investigación, Universidad Nacional de Ingeniería, Lima, Perú. Email: melcris@hotmail.com

*Retrieval Number: D4423118419/2019©BEIESP*
*DOI:10.35940/ijrte.D4423.118419*

*Published By:*
*Blue Eyes Intelligence Engineering*
*& Sciences Publication*

Therefore, an analysis GAP was performed to determine the critical points of the business processes and evaluate the maturity levels, which is why the following problems were identified: (a) the maturity evaluations are incomplete, due to time of effort in its realization; (b) low level of reliability and efficiency in maturity assessments for the operational phases such as design, transition and operation of the IT service; and (c) delays in the analytical determination of maturity levels in operational processes. Therefore, the following general problem was raised: To what extent an expert system will improve maturity levels in the design, transition and operation phase in IT service management?

## II. STUDIES RELATED TO IT SERVICES MANAGEMENT

Reviewing international sources; the importance of using reference frameworks such as ITIL and ISO / IEC 20000 was verified to diagnose the behavior of IT processes and provide the steps to follow to achieve a high level of maturity of services. It is also argued that the correct application of ITIL in the management of IT services, leads to improved levels of quality, efficiency and reliability in services, coupled with the use of an expert or intelligent system that automates the functions, allowing the reduction of the average times, which is why it will increase the levels of reliability, availability and efficiency in the determination as well as in the evaluation of the maturity levels of the IT services management [26,31].

The purpose of the research is to build an expert system based on rules for the determination and evaluation of the maturity levels of IT service management. The construction of the expert system will be carried out through a hybrid development methodology, that is, it will use the CommonKADS methodology for the construction of expert knowledge, and the agile SCRUM methodology for project monitoring and control. Also, the PHP programming language was used because it is a dynamic and agile framework in the construction of systems in a web environment and MySQL for database management. The expert system called "GSTI Evaluator" is in a cloud environment in the company Sions, which meets the necessary conditions for its application and achieve the planned results [23,24].

The research was carried out using two study variables, which are represented as follows: (a) expert system referring to the independent variable; (b) the management of IT services as the dependent variable. For the conceptualization of the first variable, it is validated that expert systems turn out to be a vital part of artificial intelligence because it allows the reduction of operational tasks, saving time and cost. It should be noted that technological tools seek to emulate the experience and behavior of the human specialist in some specific subject, making the expert system make decisions according to the previously programmed logic, aligned with the objectives of the organization [5, 6]. That is, the expert system will determine and evaluate the current state of the processes of IT service management in various areas of the company, to improve the duration of the evaluations and in determining the tasks be performed to grow in maturity levels.

Expert systems are related to intelligent systems that are part of artificial intelligence and cognitive systems, which, in turn, are designed from the experience of a specialist in a subject. The purpose of expert systems is to simulate certain activities of an area or the automation of unconventional tasks, this logic includes some of its characteristics such as (a) flexibility; (b) reliability; (c) availability; (d) efficiency; (e) performance; (f) cost and time reduction; and (g) quality [32, 25, 29].

Therefore, expert systems are structured as follows: (a) knowledge base, which contains the logic of the human expert; (b) factual basis, charged with guarding the events of the problems; (c) inference engine, models and processes the logic to show the results; and (d) interface, which comprises the interrelation between the user and the expert system [25]. In this sense, expert systems have different types, which can be applied and aligned according to the problem. The types of systems are: (a) based on cases, these types of systems focus on reusing predefined cases as part of the solution and learning; (b) based on neural networks, consists in applying rules accompanied by fuzzy logic; (c) based on rules, is to use conditional rules to determine the results.

The purpose of managing IT services is to apply the correct planning, organization, execution and control of technological services in an organization. These services are made up of processes from different areas of the business, which are accompanied by a correct management imposed by the IT government; their application will generate value in the organization, because it will improve the standards of quality, reliability, efficiency and control, for the use of management indicators around the IT operational processes. In the same context, the importance of using the ITIL methodology in the management of IT services is sustained because they manage to generate trust and experience for the business services, which is carried out in most cases by suppliers through outsourcing [22, 26].

The management of IT services corresponds to the set of strategies aligned to the delivery of technological services. That uses an approach that relates to the client, the business and the quality of the service [7]. The most used methodologies in the world of technology services are ITIL, ISO / IEC 20000 and Cobit.

In this sense, the ITIL methodology proposes the improvement of quality, working times and the optimization of resources in the different phases of the technological processes of the services. In the same context, the ISO / IEC 20000 standard is fundamental because it seeks to guarantee the quality, effectiveness and efficiency of agreements to the regulations and guidelines for the operation of the services.

The management of IT services includes the following elements as part of the business management: (a) people; (b) processes; (c) technical operations; and (d) operational businesses. All these must be combined for a correct management of the services, where the interaction of the people with the technology and its processes, coexists, generating the added value at the time of providing the various services [8].

Retrieval Number: D4423118419/2019©BEIESP
DOI:10.35940/ijrte.D4423.118419

Published By:
Blue Eyes Intelligence Engineering
& Sciences Publication



72

International Journal of Recent Technology and Engineering (IJRTE)
ISSN: 2277-3878, Volume-8 Issue-4, November 2019

In this sense, companies have the power to use some of the IT service management methodologies.

They try to make an alignment with the business strategies; therefore, if the business is considered a small business, it is recommended to use the underlying processes, in order to contribute to the correct management of services. Unlike large companies that have evolved in providing quality services, they try to acquire a correct evaluation of their services, considering that technologies are changing over time. To determine the evaluation of their maturity levels, they choose to recruit expert specialists to design, transform and lead the technological services, to reach the desired maturity level for all the processes implemented. In this way, a significant contribution is generated for the new technological challenges associated with IT services [30]. The proposal of the expert system will help to integrate the knowledge of the specialists in a single source, in such a way that it is possible to reduce the problems identified in the study, considering that the scope of the solution is subject to the operational phases of the life cycle of ITIL.

## III. REVIEW CRITERIA

### A. Research approach

All scientific research is divided into three approaches: (a) quantitative approach: because it is objective and allows the hypothesis to be tested; (b) qualitative: for being analytical, subjective and descriptive; (c) mixed: by having a little of the first 2 approaches and focusing the analysis on the triangulation of the sources [9, 21]. They also have the peculiarity of immersing themselves in the quantitative approach, due to their easy application and adaptation in the scientific world with social reality. In this investigation, we chose to use the approach mentioned above to have pure numbers, be quantifiable and focus on a cause and effect according to the research variables [10].

### B. Type of investigation

All scientific research that has as its characteristic the resolution of problems, the practical analysis of the results and the revision of different theories; an investigation of the applied type is considered. Besides, it has the particularity that the problem to be reviewed is known by researchers, which is why they efficiently transfer various theories in order to determine the solution [28].

### C. Research design

The study corresponded to the pre-experimental design, where the independent variable called an expert system was manipulated to achieve the modification of the dependent variable that was the management of IT services [11, 10].

The steps for the application of the pre-experimental design consisted of (a) identifying the test scope: That is, the 12 IT service management processes that would be impacted with the application of the expert system were identified. (b) Identify the measurement indicators: it consists of selecting the three indicators such as time, reliability and efficiency. (c) Run the pre-test: the measurements are executed and recorded in the dependent variable (IT service management) without using the expert system; (d) run the post-test test: this activity is executed using the expert system in IT service management; and finally (e) the consolidation of the data, to then proceed with the validation and check its consistency. As part of the technology, the construction of the rules was applied using the CommonKADS methodology. These conditional rules allowed to identify the individual cases for each process, so the maturity level for each of the 12 IT service management processes can be determined.

### D. Population

The study population consists of the formation of a set of objects, artifacts, elements, components, records, or evaluations that have characteristics such as place, time, quantity and form. In this sense, the study was made up of 16 evaluations of companies in the technology sector; there was no sample due to the small number of companies [12].

### E. Method of data analysis

Descriptive and inferential statistics will be used as the basis for contrasting research hypotheses. Descriptive statistics allow the interpretation and analysis of the calculation of statisticians such as variance, mean, sum, minimum and maximum values for pre and post-test [13]. On the other hand, inferential statistics allow deductions to be made on the results that add value in the hypothesis test [14, 15]. For this, the following steps have to be applied: (a) perform the consistency of the data: double mass analysis was applied to determine its consistency; (b) normality test: the Shapiro-Wilk test was used, due to the quantity of the sample, being equal to or less than 30, the Kolmogorov-Smirnov test being discarded; (c) level of significance: a level of 95% reliability and 5% will be used as a margin of error, with the aim of identifying whether the distribution of the data is parametric or non-parametric. If the test provides a parametric result, it will be decided to use the T-student test. Otherwise, the Wilcoxon test will be used, and (d) identify the sig value: this point is to test the research hypothesis.

## IV. RESULTS AND DISCUSSIONS

All research with a quantitative approach should conduct a prior review of the data to determine consistency. These data were processed through the support of a statistical tool to determine the normality test then and thus continue with the hypothesis test.

### A. Consistency analysis

The second mass method was applied for consistency analysis, which consisted of entering the data cumulatively and sequential order. The data was then presented in a Cartesian graph, where the formation of a line was evidenced, which is an indication of data consistency. In the case that the Cartesian graph presented a line with deviation, then there are errors or deviations in the consistency. In the study, the double mass method was used, both in the pre and post-test, based on the 3 IT management indicators and: (a) the evaluation time of maturity levels for all technological processes; (b) the level of reliability in the evaluation of the level of maturity over the technological processes; and (c) the level of efficiency in the

Retrieval Number: D4423118419/2019©BEIESP
DOI:10.35940/ijrte.D4423.118419

9988

Published By:
Blue Eyes Intelligence Engineering
& Sciences Publication

73

evaluation of IT managed services, as shown in the consolidated table I [16].

**Table- I: Consolidated indicators of IT service management.**

| Item | Time (minutes) | | Reliability (percentage) | | Efficiency (percentage) | |
|---|---|---|---|---|---|---|
| | Pre-test | Post-test | Pre-test | Post-test | Pre-test | Post-test |
| 1 | 731 | 105 | 54.55% | 100% | 47.38% | 94.29% |
| 2 | 725 | 106 | 45.45% | 100% | 39.50% | 94.34% |
| 3 | 725 | 106 | 54.55% | 100% | 47.40% | 93.40% |
| 4 | 736 | 106 | 54.55% | 100% | 47.43% | 93.40% |
| 5 | 731 | 106 | 45.45% | 100% | 39.49% | 94.34% |
| 6 | 731 | 106 | 54.55% | 100% | 47.38% | 93.40% |
| 7 | 707 | 107 | 45.45% | 100% | 39.54% | 93.46% |
| 8 | 725 | 105 | 45.45% | 100% | 39.50% | 94.29% |
| 9 | 731 | 106 | 54.55% | 100% | 47.38% | 93.40% |
| 10 | 731 | 107 | 45.45% | 100% | 39.49% | 93.46% |
| 11 | 725 | 106 | 54.55% | 100% | 47.40% | 94.34% |
| 12 | 731 | 106 | 54.55% | 100% | 47.38% | 93.40% |
| 13 | 731 | 105 | 45.45% | 100% | 39.49% | 94.29% |
| 14 | 731 | 106 | 54.55% | 100% | 47.38% | 93.40% |
| 15 | 719 | 105 | 45.45% | 100% | 39.51% | 94.29% |
| 16 | 719 | 106 | 54.55% | 100% | 47.41% | 93.40% |

### B. Normality test

As part of the inferential statistics, the normality test was performed for the three research indicators. The indicators are (a) evaluation time of IT service management; (b) level of reliability of the evaluation of IT service management; and (c) level of efficiency of the evaluation of IT service management [17]. Likewise, the results of the Shapiro-Wilk test (n <30 evaluations) applied to the three indicators of IT service management; table II shows values below 0.05, a fact that allows us to accept that the data has no distribution normal, fundamental reason to apply the non-parametric Wilcoxon Ranges test.

**Table- II: Shapiro-Wilk test**

| | Shapiro-Wilk test | | |
|---|---|---|---|
| | Statistical | gl | Sig. |
| Time (Pre-Test) | ,806 | 16 | ,003 |
| Time (Post-Test) | ,778 | 16 | ,001 |
| Reliability (Pre-Test) | ,638 | 16 | ,000 |
| Reliability (Post-Test) | ,273 | 16 | ,000 |
| Efficiency (Pre-Test) | ,642 | 16 | ,000 |
| Efficiency (Post-Test) | ,676 | 16 | ,000 |

### C. Hypothesis test

The hypothesis test is a tentative and not necessarily definitive answer to the solution of the problems under study [18, 14]. In the hypothesis tests, the interrelation of the study variables is evidenced, such as independent and dependent variables, which are subject to verification, verification, contrast and based on the data obtained from the population, to determine the acceptance or rejection of the theories

In this sense, the hypothesis test was carried out for the 3 indicators of IT service management, which are made up of: (a) an expert system improves the evaluation time of the design, transition and design services phase operation of IT service management in Sions; (b) an expert system improves the level of reliability in the evaluation of the design, transition and operation services phase of IT services management at Sions; and (c) an expert system improves the level of efficiency in the evaluation of the design, transition and operation services phase of IT services management at Sions. The null hypothesis is the denial of each of the indicators.

In this way, descriptive statistics were calculated where it is evidenced that the minimum, maximum, range, average, standard deviation and variance values for both pre-test and post-test. Thus, for the time indicator, it was verified that the average in pre and post-test, there is a considerable difference of approximately 620 minutes (Pre721; Post106), as can be seen in Fig. 1; unlike levels of reliability with a margin of difference of 49% (Pre721; Post106) as set out in Fig. 2 and for levels of efficiency with a margin of difference of 40% (Pre721; Post106), see Fig. 3.

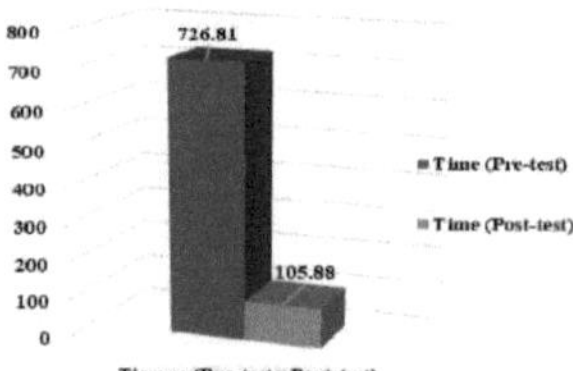


**Fig. 1. Evaluation time of IT service management in minutes.**

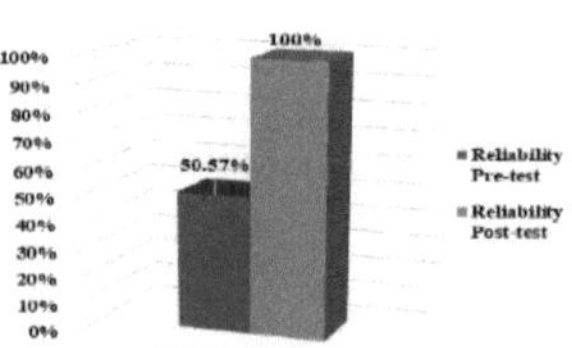


**Fig. 2. Reliability in the evaluation of IT service management in percentages.**

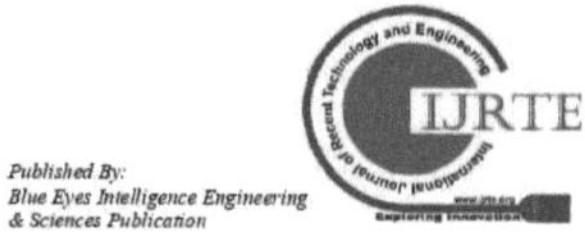

*Retrieval Number: D4423118419/2019©BEIESP*
*DOI:10.35940/ijrte.D4423.118419*

Published By:
Blue Eyes Intelligence Engineering
& Sciences Publication

9989

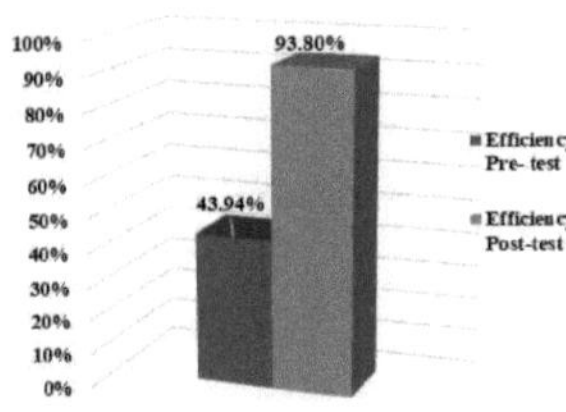



**Fig. 3. Efficiency in the evaluation of IT service management in percentages.**

Then the hypothesis was tested using the Wilcoxon Ranges test, as shown in Table III. It was applied to the three indicators: (a) Time indicator, Zc = -3,531, p = .000, reason why which, the null hypothesis is rejected, and it is affirmed that the expert system reduces the time of evaluation of the phase of design, transition and operation services of the management of technological services in the company Sion, 2019. The second one (b) Reliability indicator, Zc = 3,601, p = .000, a fact that makes it possible to reject the null hypothesis and affirm that an expert system improves the level of reliability in the evaluation of the design, transition and operation phase of service management of information technologies in the company Sion, 2019. The third one (c) Efficiency indicator, the distribution Zc = 3,522, p = .000, situation that generates the rejection of the null hypothesis, and demonstrate that an expert system improves the level of efficiency in the evaluation of the design, transition and operation phase of the management of information technology services in the company Sion, 2019. In summary, the comparisons of the results for the time, reliability and efficiency indicator for the management of IT services were consolidated and where it is stated that these results were for the implementation of the expert system.

**Table-III: Contrast test statistic of the three indicators**

| Test statistics[a] | | | |
|---|---|---|---|
| | Time (Post-test) - Time (Pre-test) | Reliability (Post-test) - Reliability (Pre-test) | Efficiency (Post-test) - Efficiency (Pre-test) |
| Z | -3,531[b] | -3,601[c] | -3,522[c] |
| Sig. asymptotic (bilateral) | ,000 | ,000 | ,000 |
| a. Sign rank test of Wilcoxon. | | | |
| b. It is based on positive ranges. | | | |
| c. It is based on negative ranges. | | | |

The expert system implemented improves the evaluation time of the maturity levels in the design, transition and operation phases of IT service management. It should be noted that the evaluation time of maturity levels has improved significantly, decreasing from 721 minutes to 106 minutes.

That is, the application of the expert system obtained an average time reduction of 85%. Likewise, what is expressed by Tanovic and Mastorakis is shared where they refer, that by using a management system, service times are improved by 35.68%, so it is verified that an expert system allows improving the evaluation time of the levels of maturity of IT service management [20].

At the same time, the rule-based expert system improves reliability and efficiency, because they increased significantly by 49% overall. Consequently, what is expressed by Yandri, Nugeraha, & Zahra is shared, where they state that when using an expert system in fuzzy logic, the determination of maturity levels is improved, generating better levels of quality, efficiency and usability for its purpose. Consequently, it was proved that an expert system allows improving the determination, reliability and efficiency in the evaluation of the levels of maturity of the management of IT services [19].

## V. CONCLUSIONS

An expert system for the evaluation of the maturity levels of IT technology management processes adds an average time of approximately 106 minutes compared to the traditional system used by IT managers, which represents an increase of 727 minutes in the Average time of evaluation of maturity levels, which meant a reduction of 621 minutes. That is a decrease of 85.43% of the overall average time as a comprehensive evaluation of the maturity levels of information technology services management. Therefore, the technology company increased its evaluations in the management of technological services, because before they made three evaluations for every 36 hours approximately, now it will be able to carry out 20 evaluations on average. Considering that these evaluations of maturity levels of IT service management will have an increase of approximately 85% of reliability and efficiency because before, it represented 50.57% of reliability in evaluations and 43% of efficiency using in a traditional system. Expert systems and various technologies are an essential part of R + D + I in organizations because it allows improving productivity, competitiveness and innovation, coupled with information technologies. Therefore, it should be noted that expert systems for the management of IT services turn out to be a disruptive and innovative solution that will allow the identification, evaluation and improvement of technological processes for all companies that are immersed in the world of information technologies. In summary, it is concluded that the implementation of an expert system improved the evaluation of the maturity levels for the management of IT services.

## REFERENCES


1. C. Surdak, A Revolução Digital, Sao Paulo: DVS Editora, 2018.
2. I. Sacolick, Driving Digital: The Leader's Guide to Business Transformation Through Technology, New York: Força Digital, 2017.
3. A. Roeder, eBook: Simplify IT Support Management with IBM Technology Support Services, New York: IBM Technology Support Services, 2018.

Retrieval Number: D4423118419/2019©BEIESP
DOI:10.35940/ijrte.D4423.118419

Published By:
Blue Eyes Intelligence Engineering
& Sciences Publication




75

4. O. López y J. Schuler, «Implementación de buenas prácticas de CMMI – SVC e ITIL para la gestión de servicios de TI en la Pyme Agile Solutions,» Facultad de Ingeniería y Arquitectura, Lima, 2017.

5. R. Puri, Artificial Intelligence, New York: Blueprint, 2018.

6. R. Steinberg, Implementing ITSM, Arizona: Trafford Publishing, 2015.

7. B. Weed-Schertzer, Delivering ITSM for Business Maturity: A Practical Framework, Nueva York: Emerald Publishing Limited, 2019.

8. C. Agutter, ITIL Foundation Essentials: The Ultimate Revision Guide, Londres: IT Governance Limited, 2019.

9. A. Hemerijck, The Uses of Social Investment, Oxford: Oxford University Press, 2017.

10. R. Hernández, C. Fernández y P. Baptista, Metodología de la Investigación, Distrito Federal: McGraw-Hill, 2014.

11. H. Sanchez, C. Reyes y K. Méjia, Manual de términos en investigación científica, tecnológica y humanística, Lima: Vicerrectorado de Investigación Universidad Ricardo Palma, 2018.

12. G. Hercelinskyj y A. Louise, Mental Health Nursing: Applying Theory to Practice, South Melbourne: Cenveo Publisher Services, 2018.

13. J. Pérez, Los gráficos estadísticos. Sus diferentes tipos y usos para aportar claridad a un informe de investigación, Múnich: German National Library, 2018.

14. H. Llinás, Estadística Inferencial, Barranquilla: Universidad del Norte, 2018.

15. H. Duane, A. Corey y M. DeAnna, 5 Steps to a 5: AP Statistics 2019, Arizona: McGraw Hill Professional, 2018.

16. J. Brownlee, Statistical Methods for Machine Learning: Discover how to Transform Data into Knowledge with Python, Australia: Machine Learning Mastery, 2018.

17. D. Soliz, Cómo hacer un Perfil Proyecto de Investigación Científica, Bloomington: Palibrio, 2019.

18. R. Yandri, D. Nugeraha y A. Zahra, «Evaluation Model for the Implementation of Information Technology Service Management using Fuzzy ITIL,» Procedia Computer Science, vol. Volume 157, nº 10.1016/j.procs.2019.08.169, pp. 290-297, 2019.

19. A. Tanovic y N. Mastorakis, «Advantage of using Service Desk Management Systems in real organizations,» International Journal of Economics and Management Systems, vol. 1, nº ISSN: 2367-8925, pp. 81-86, 2016.

20. H. Ulloa, M. Asunción, M. Nares y S. Gutiérrez, «Importance of Qualitative and Quantitative Research for Education,» Educateconciencia, vol. 16, nº ISSN: 2007-6347, pp. 163-174, 20 Julio 2017.

21. C. Rivera, «Aplicación ITIL y su efecto en la gestión de resolución de incidencias en el área de soporte de la empresa MDP consulting,» Repositorio Universidad César Vallejo, Lima, 2019.

22. L. Quintero y H. Peña, «Modelo basado en ITIL para la gestión de los servicios de TI en la cooperativa de caficultores de Manizales,» Universidad Autónoma de Manizales, Manizales, 2017.

23. H. Norhaidah y H. Nurdatillah, «PHP Frameworks Usability in Web Application Development,» International Journal of Recent Technology and Engineering, vol. 8, nº ISSN: 2277-3878, pp. 109-116, 2019.

24. F. Klashanov, «Artificial Intelligence and Organizing Decision in Construction,» Procedia Engineering, vol. 165, nº doi: 10.1016/j.proeng.2016.11.813, pp. 1016-1020, 2016.

25. C. Dobbins y R. Rov, «Project Management in Information Technology: case study on the implementation and evaluation of this tool in multimarket investment fund,» Revista de Tecnologia Aplicada, vol. 7, nº ISSN: 2237-3713, pp. 36-51, 2018.

26. Axelos, «Axelos.com,» Axelos, 10 July 2019. [En línea]. Available: https://www.axelos.com/best-practice-solutions/itil. [Último acceso: 10 July 2019].

27. Lifeder, «https://www.lifeder.com,» Lifeder, 30 Octubre 2019. [En línea]. Available: https://www.lifeder.com/investigacion-aplicada/. [Último acceso: 30 Octubre 2019].

28. V. Chandra, V. Kantharao, J. Sastry y V. Bala, «Expert system for building Cognitive model of a student using Crypt Arithmetic game

29. V. Valencia, E. Fernández y L. Usero, «Applicability of the Maturity Model for IT Service Outsourcing in Higher Education Institutions,» International Journal of Advanced Computer Science and Applications, vol. 5, nº 10.14569/IJACSA.2014.050707, pp. 41-50, 2014.

30. R. Lia, «ITSM: a sucess case of the Triple Helix Model,» Revista de Administração da Universidade, vol. 7, nº doi: 10.5902/1983465911460, pp. 55-69, 2014.

31. J. Casas, Guía para la realización de un estudio ambiental: El caso de la cuenca del río Adra, Almería: Edual, 2017.

32. S. Makridakis, «The forthcoming Artificial Intelligence (AI) revolution: Its impact on society and firms,» Elsevier Ltd., pp. 46-60, 2018.

## AUTHORS PROFILE

**Flores Zafra David** Professional in Systems Engineering with a master's degree in Information Technology Management. Nowadays, I am continuing my doctoral studies in Administration at César Vallejo University. I have more than 16 years of experience in the area of information technologies and Information technology projects. I also have Microsoft international certification as "Microsoft Professional Certificated". I currently work as a teacher in the faculty of business and systems engineering at Cesar Vallejo University - North Lima. In addition to working as Project Manager at IBM del Peru for the account of our client Banco de Crédito del Perú in the management and renovation projects of technological infrastructure in Peru and Brazil.

**Carhuancho Mendoza Irma Milagros** Bachelor of Business Administration, with a master's degree in Finance and a Ph.D. in Administration from the National University Federico Villarreal, Master in Virtual Learning Environments from the University of Panama, a Ph.D. candidate in Administration from the University of Celaya - Mexico, Post Doctorate in Finance from AIU. I currently work at the César Vallejo University in the Postgraduate School and the Faculty of Engineering and Business of the Norbert Wiener Private University. Author of the book Methodology for the Investigation Holistic – 2019. Speaker in the Congress International Investigation Multidisciplinary - Guayaquil 2019, specialist in the finances and research scientific quantitative, qualitative and mixed, in addition to advising research work and service companies.

**Carlos Oswaldo Venturo Orbegoso** Mechanical Engineer from the National University of Trujillo, Master in Public Management from the European Center of Innovation and Management (EUCIM Business School), Master in Public Management from the San Martín de Porres University, Master in Strategic Business Administration from the Pontifical Catholic University of Peru - CENTRUM, Master in University Teaching and Doctor of Education from the César Vallejo University, candidate for the degree of Doctor of Administration at the University of Celaya - Mexico. He is currently the director of the Postgraduate School of Lima at the César Vallejo University, author of the book Governance Conference Global Meeting-Peru 2017, Minutes of Congress and others.

**Luis Guillermo Sicheri Monteverde** Doctor Philosophy Leisure Engineering Ph. D. from Cambridge International University, Bachelor in Hospitality at Cornell University, Ithaca, New York, Business Administration studies from the University of Toronto in Canada, Honorary Doctorate and Master in Business Administration and Management from the University of Tumbes, Bachelor of Tourism and Hospitality, candidate for Doctor of Administration in Tourism and Hospitality and Senior Professor at the University of San Martín de Porres, awarded the "Dolphin of Tourism" for the outstanding work in favor of the promotion and Tourism development,

Retrieval Number: D4423118419/2019©BEIESP
DOI:10.35940/ijrte.D4423.118419

Published By:
Blue Eyes Intelligence Engineering
& Sciences Publication



76

International Journal of Recent Technology and Engineering (IJRTE)
ISSN: 2277-3878, Volume-8 Issue-4, November 2019

President of Cenfotur for more than 7 years, Past Dean of the Faculty of "Human Sciences" at the Scientific University of the South, Director of the Grant 18 program - UCSUR, Director of CANATUR and Dean of the Faculty of Engineering and Business from Norbert Wiener Private University.

**Mendivel Landeo Ingrid** Professional in Education with a master's degree in Public Management and I am continuing for the degree of Doctor of Administration at the César Vallejo University. I currently work in the administrative area at the National University of Engineering, in the area of logistics - supply of the Vice-Rectorate of Research. Certified professional of the organism in charge of Contracts of Peru by the Supervisory Organism of State Contracting - OSCE with extensive experience of more than ten years, member of the different Special Committees in the different bidding processes of the National University of Engineering. Author of the book "Faustiniana Anthology" literary creation workshop, 2012 Promotion of the faculty of education in the specialty of English language, communication and language.

Retrieval Number: D4423118419/2019©BEIESP
DOI:10.35940/ijrte.D4423.118419

Published By:
Blue Eyes Intelligence Engineering
& Sciences Publication

Anexo 10. Certificado de publicación de artículo científico

## International Journal of Recent Technology and Engineering

ISSN: 2277-3878 (online) | Exploring Innovation | A Key for Dedicated Services
Published by Blue Eyes Intelligence Engineering and Sciences
⁹ # A 38-39, Tirupati Abhinav Homes, Ayodhya Bypass Road, Damkheda, Bhopal (M.P.)-462037, India
Website: www.ijrte.org  Email: submit2@ijrte.org, ijrtej@gmail.com
+91-9669981618 | +91-9669981618 | +91-9669981618 | +91-9669981618

## CERTIFICATE

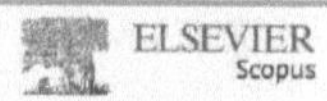

This certifies that the research paper entitled 'Expert System for Information Technology Services Management' authored by 'Flores Zafra David, Carhuancho Mendoza Irma Milagros, Venturo Orbegoso Carlos Oswaldo, Sicheri Monteverde Luis Guillermo, Mendivel Landeo Ingrid' was reviewed by experts in this research area and accepted by the board of 'Blue Eyes Intelligence Engineering and Sciences Publication' which has published in 'International Journal of Recent Technology and Engineering (IJRTE)', ISSN: 2277-3878 (Online), Volume-8 Issue-4, November 2019. Page No.: 9986-9992.

The B Impact Factor of IJRTE is 5.92 for the year 2018. Your published paper and Souvenir are available at: https://www.ijrte.org/download/volume-8-issue-4/

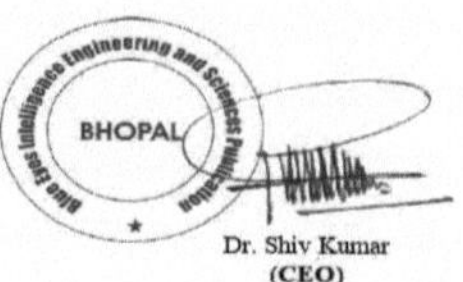

Jitendra Kumar Sen
(Manager)

Dr. Shiv Kumar
(CEO)

Anexo 11. Evidencia del SPSS

**Estadísticos descriptivos**

| | N | Rango | Mínimo | Máximo | Suma | Media | Desv. Desviación | Varianza |
|---|---|---|---|---|---|---|---|---|
| Tiempo (Pre-Test) | 16 | 29 | 707 | 736 | 11629 | 726,81 | 7,083 | 50,163 |
| Tiempo (Post-Test) | 16 | 2 | 105 | 107 | 1694 | 105,88 | ,619 | ,383 |
| Confiabilidad (Pre-Test) | 16 | 9,09% | 45,45% | 54,55% | 809,09% | 50,5682% | 4,65770% | 21,694 |
| Confiabilidad (Post-Test) | 16 | 0,01% | 99,99% | 100,00% | 1599,99% | 99,9994% | 0,00250% | ,000 |
| Eficiencia (Pre-Test) | 16 | 7,95% | 39,49% | 47,43% | 703,06% | 43,9410% | 4,04458% | 16,359 |
| Eficiencia (Post-Test) | 16 | 0,94% | 93,40% | 94,34% | 1500,85% | 93,8032% | 0,46133% | ,213 |
| N válido (por lista) | 16 | | | | | | | |

**Pruebas de normalidad**

| | Kolmogorov-Smirnov[a] | | | Shapiro-Wilk | | |
|---|---|---|---|---|---|---|
| | Estadístico | gl | Sig. | Estadístico | gl | Sig. |
| Tiempo (Pre-Test) | ,285 | 16 | ,001 | ,806 | 16 | ,003 |
| Tiempo (Post-Test) | ,330 | 16 | ,000 | ,778 | 16 | ,001 |
| Confiabilidad (Pre-Test) | ,366 | 16 | ,000 | ,638 | 16 | ,000 |
| Confiabilidad (Post-Test) | ,536 | 16 | ,000 | ,273 | 16 | ,000 |
| Eficiencia (Pre-Test) | ,365 | 16 | ,000 | ,642 | 16 | ,000 |
| Eficiencia (Post-Test) | ,335 | 16 | ,000 | ,676 | 16 | ,000 |

a. Corrección de significación de Lilliefors

**Rangos**

| | | N | Rango promedio | Suma de rangos |
|---|---|---|---|---|
| Tiempo (Post-Test) - Tiempo (Pre-Test) | Rangos negativos | 16[a] | 8,50 | 136,00 |
| | Rangos positivos | 0[b] | ,00 | ,00 |
| | Empates | 0[c] | | |
| | Total | 16 | | |
| Confiabilidad (Post-Test) - Confiabilidad (Pre-Test) | Rangos negativos | 0[d] | ,00 | ,00 |
| | Rangos positivos | 16[e] | 8,50 | 136,00 |
| | Empates | 0[f] | | |
| | Total | 16 | | |
| Eficiencia (Post-Test) - Eficiencia (Pre-Test) | Rangos negativos | 0[g] | ,00 | ,00 |
| | Rangos positivos | 16[h] | 8,50 | 136,00 |
| | Empates | 0[i] | | |
| | Total | 16 | | |

a. Tiempo (Post-Test) < Tiempo (Pre-Test)

b. Tiempo (Post-Test) > Tiempo (Pre-Test)

c. Tiempo (Post-Test) = Tiempo (Pre-Test)

d. Confiabilidad (Post-Test) < Confiabilidad (Pre-Test)

e. Confiabilidad (Post-Test) > Confiabilidad (Pre-Test)

f. Confiabilidad (Post-Test) = Confiabilidad (Pre-Test)

g. Eficiencia (Post-Test) < Eficiencia (Pre-Test)

h. Eficiencia (Post-Test) > Eficiencia (Pre-Test)

i. Eficiencia (Post-Test) = Eficiencia (Pre-Test)

**Consolidado de los Estadísticos de prueba[a]**

| | Tiempo (Post-Test) - Tiempo (Pre-Test) | Confiabilidad (Post-Test) - Confiabilidad (Pre-Test) | Eficiencia (Post-Test) - Eficiencia (Pre-Test) |
|---|---|---|---|
| Z | -3,531[b] | -3,601[c] | -3,522[c] |
| Sig. asintótica(bilateral) | ,000 | ,000 | ,000 |

a. Prueba de rangos con signo de Wilcoxon

b. Se basa en rangos positivos.

c. Se basa en rangos negativos.

Anexo 12. Matriz de operacionalización de variables

**Operacionalización de las variables**

| Dimensiones | Indicadores | N° ítems | Escala y valores | Niveles y rangos |
|---|---|---|---|---|
| Tiempo | Tiempo de evaluación de la gestión de servicios de TI | 1 | Nivel de razón (Minutos) | Tiempo ideal [1 – 120] Tiempo regular [121 – 180] Tiempo no ideal [181– 750] |
| Confiabilidad | Nivel de confiabilidad en la evaluación de la gestión de servicios de TI | 1 | Nivel de razón (Porcentaje) | Confiabilidad baja [1 – 35] Confiabilidad regular [36 – 80] Confiabilidad alta [81– 100] |
| Eficiencia | Nivel de eficiencia en la evaluación de la gestión de servicios de TI | 1 | Nivel de razón (Porcentaje) | Eficiencia baja [1 – 35] Eficiencia regular [36 – 80] Eficiencia alta [81– 100] |

*Nota*: Adaptado del libro guía para elaborar la tesis universitaria escuela de posgrado, por Guillén y Valderrama (2015).

Anexo 13. Matriz de identificación de los problemas a nivel internacional

| Problema de investigación a nivel internacional | |
| --- | --- |
| **Informe mundial 1** | **Resumen** |
| **Indicar el problema:**<br>Falta de evaluación y mejora de los procesos de desarrollo y de gestión de servicios de tecnologías de información. | Las organizaciones implementan procesos de gestión de servicios de tecnologías de información, al mismo tiempo estas carecen de las evaluaciones en todos los procesos que se ejecutan, con el único fin de poder medir el nivel de madurez. Las organizaciones están apostando. La necesidad de evaluar los procesos que se realizan en una organización que brinda servicios de tecnologías de información, propician la ampliación de los modelos de madurez, para procesos muy complejos según el esquema del negocio. |
| **Título del informe:**<br><br>**La madurez de los servicios TI (España)** | El creciente interés de las organizaciones en evaluar sus procesos, tanto los de desarrollo como los de gestión de servicios, ha impulsado diferentes iniciativas para el desarrollo de modelos de aplicación simultánea de estándares de calidad. |
| **Referencia:** | Mesquida, A., Mas, A., y Amengual, E. (2009). La madurez de los servicios TI. *REICIS. Revista Española de Innovación, Calidad e Ingeniería del Software*, 11. |
| **Informe mundial 2** | **Resumen** |
| **Indicar el problema:**<br>Problemas de eficiencia, confiabilidad y calidad en la implementación de los modelos de gestión de tecnologías en las organizaciones. | Las organizaciones de tecnologías de información, en su proceso de evaluación y mejora, ha implementado y adoptado los diferentes modelos para la gestión del servicio, el cual presenta una adopción parcial, debido al desconocimiento practico de uso de la metodología y alineación de sus normas a la organización. Los problemas presentados en la organización son: Falta del nivel de confiabilidad, calidad y eficiencia al requerir mejorar los procesos de Tecnologías de información. |
| **Título del informe**<br><br>Problemas en la adopción de modelos de gestión de servicios de tecnologías de información. Una revisión sistemática de la literatura (Colombia) | Asimismo, esta problemática se incrementa por la falta de compromiso y estrategias por parte de la alta dirección, al no contar con mecanismos o especialistas que, en la práctica, puedan aplicar la mejora continua, y así puedan evaluar el nivel de madurez de la gestión de servicios de tecnologías de información. |
| **Referencia:** | Meléndez, K., y Dávila, A. (2017). Problemas en la adopción de modelos de gestión de servicios de tecnologías de información. Una revisión sistemática de la literatura. *Revista DYNA*, 8. |
| **Informe mundial 3** | **Resumen** |
| **Indicar el problema:**<br><br>Imposibilidad de cubrir las necesidades del cliente entre los recursos existentes, negocio y tiempo de respuesta. | La gestión de servicios de tecnologías de información no se soluciona implementando herramientas, métodos y procesos de mejora continua, sino se debe medir los puntos críticos de cada proceso integrado en la organización, el cual nos va a permitir conocer cuál es su estado de madurez de los procesos implementados. |
| **Título del informe**<br>Modelo de gestión basado en el ciclo de vida del servicio de la Biblioteca de Infraestructura de Tecnologías de Información (ITIL) | Las organizaciones deben implementar el mejoramiento continuo para poder abarcar y aportar en todos los procesos de gestión de servicios, el cual nos va a garantizar la eficiencia, siempre y cuando apliquen mediciones de acuerdo con el modelo implementado tanto para la compleja relación entre negocio y tecnología. |
| **Referencia:** | Medina, Y., y Rico, D. (2009). Modelo de gestión basado en el ciclo de vida del servicio de la Biblioteca de Infraestructura de Tecnologías de Información (ITIL). *Revista Virtual Universidad Católica del Norte*, 23. |

<table>
<tr><th colspan="2" align="center">Problema de investigación a nivel nacional</th></tr>
<tr><td>Informe 1:</td><td align="center">Resumen</td></tr>
<tr>
<td>Indicar el problema:<br>Problemas en el rendimiento y la tasa de soluciones en la gestión del servicio de incidentes de TI. El área de gobierno de tecnologías de información recibe penalidades por la incorrecta distribución de los incidentes.<br><br>Título del informe<br><br>Sistema experto para el proceso de gestión de incidentes de ti en la empresa talma servicios aeroportuarios s.a.</td>
<td rowspan="2">La organización al no tener un sistema experto para la correcta distribución y priorización de los incidentes que son parte de la gestión de tecnologías de información, este genera un mal servicio debido a la complejidad de distribución que depende de un experto en gestión de servicio de tecnologías de información que aplique la correcta interpretación de la metodología ITIL, para la parte operativa. Estos problemas de eficiencia, rendimiento y calidad mejoraron en 17% utilizando un sistema experto, y una mejora del 77% de la tasa de solución, debido a la correcta distribución en la catalogación de incidentes, mediante el uso de un sistema experto.</td>
</tr>
<tr>
<td>Referencia</td>
</tr>
<tr>
<td></td>
<td>Vásquez, E. (2017). Sistema experto para la gestión de incidentes de TI. Lima.</td>
</tr>
<tr><td>Informe 2</td><td align="center">Resumen</td></tr>
<tr>
<td>Indicar el problema:<br>Presenta diversos problemas como errores en la generación de los reportes, errores en los procesos logísticos, perdida de correos y de documentación basada en el conocimiento para la gestión de servicios de tecnologías de información.<br><br>Título del informe<br><br>Propuesta de implementación de gestión de servicios de TI en una empresa farinácea.</td>
<td>Las organizaciones tienen contemplado el crecimiento de la empresa, por ello aborda el uso de Las tecnologías de información, si bien es una inversión de hardware, software, licencias, procesos, metodologías, estas no se podrán llevar a cabo con eficiencia y confiabilidad si no alinean las metas del negocio con la gestión de servicios. El objetivo es proponer que se llegue a un nivel de eficiencia que se traduzca en una buena prestación de servicios. Es por ello, ITIL es una metodología que permitirá a la empresa actual lograr eficiencia y optimizar sus servicios de una manera más eficiente, recomendamos que siga la metodología planteada en las etapas previstas.</td>
</tr>
<tr>
<td>Referencia</td>
<td>Dulanto, R., y Palomino, C. (2014). Propuesta de implementación de gestión de servicios de TI en una empresa farinácea. Sinergia e Innovación UPC, 19.</td>
</tr>
<tr><td>Informe 3:<br>Indicar el problema</td><td align="center">Resumen</td></tr>
<tr>
<td>Bajo nivel de eficiencia y calidad en los procesos operacionales de la organización como parte de la gestión de servicios de tecnologías de información</td>
<td rowspan="2">Las empresas, a nivel global, tienden a una mayor dependencia de las Tecnologías de la Información (TI), no solo para el mantenimiento operativo de las instancias de la organización, sino también para el aumento de valor a la empresa por medio de la explotación de datos y sobre todo bajo el análisis y optimización de sus procesos.<br><br>Los problemas de eficiencia en entrega del servicio, se mejorará con el uso correcto de la alineación de la metodología ITIL basado en propuesta del modelado en BPM.</td>
</tr>
<tr>
<td>Título del informe<br>Nivel de madurez de los procesos de la gestión de servicios en base a BPM</td>
</tr>
<tr>
<td>Referencia</td>
<td>Cruz, J., y Lévano, D. (2011). Nivel de Madurez de los procesos de la gestión de servicios en base a BPM. Redalyc.org, 13. Obtenido de http://www.redalyc.org: http://www.redalyc.org/pdf/4676/467646123008.pdf</td>
</tr>
</table>

## Anexo 14. Matriz de identificación de los problemas a nivel nacional

| Causa | Sub causa | ¿Por qué? | Efecto (Categoría problema) |
|---|---|---|---|
| C1. Personal | 1. Desconocimiento de la metodología | 1. La empresa no realiza una capacitación integral cuando realiza la rotación del personal. | |
| | | 2. El personal responsable no mide el nivel de madurez de su servicio de TI. | |
| | 2. Aplicar la metodología | 3. El personal no sigue los flujos del proceso | |
| | | 4. Los flujos no son transparentes. | |
| | 3. No aplica mejora continua | 5. El personal responsable no evalúa su servicio de cara a la operación. | |
| | | 6. No cumplen los KPI y métricas del servicio. | |
| C2. Equipos | 4. Herramientas de gestión fuera de soporte | 7. La empresa demora en análisis las renovaciones para actualizar las herramientas. | |
| | | 8. La integración no se alinea a los procesos operativos. | |
| | 5. Herramientas no miden los niveles de madurez | 9. Por qué el procedimiento es manual y complejo, normalmente se solicita que lo realice una consultora especializada. | |
| | | 10. Es un riesgo aun no mitigado por el área de TI. | |
| | 6. Integración de Herramientas multimarca | 11. La empresa, realiza diversos pilotos con otros fabricantes para la adquisición de los sistemas de gestión. | |
| | | 12. Las integraciones generan Issue o problemas que generan retrasos en la gestión de servicios | Bajos niveles de madurez del servicio |
| C3. Procesos | 7. Metodología no alineada a los procesos | 13. Los servicios de tecnologías de información de cara a la operación tienen una implementación parcial, que genera deficiencias en la mejora continua. | |
| | | 14. La interpretación de la metodología ITIL por parte de los líderes de cambio, no están alineadas en su totalidad, por lo tanto, la evaluación de la gestión de servicios no presenta cambios. | |
| | 8. Procesos incompletos | 15. Los procesos de gestión de TI poseen una integración parcial, lo que dificulta realizar la evaluación de los niveles de madurez de cada servicio de TI. | |
| | | 16. La organización no implementa los nuevos procesos de gestión de servicios de TI. | |
| | 9. Evaluaciones incompletas | 17. La organización no implementa las evaluaciones de nivel de madurez por tener costos elevados. | |
| | | 18. La organización no implementa la gestión de los nuevos servicios de TI. | |
| C4. Innovación | 10. Nuevas metodologías | 19. La organización no invierte en capacitar al área de gestión de servicios sobre las nuevas versiones de ITIL v4. | |
| | | 20. Requiere tiempo y un costo retador para su actualización. | |
| | 11. Niveles de madurez | 21. Los procesos no evidencias resultados para su medición, por el cual requiere alinear la estrategia del negocio con el servicio de gestión. | |
| | | 22. No se tiene claro que medir y cuáles son los pasos para incrementar de nivel. | |

Anexo 15. Matriz de recopilación de las teorías.

| Teoría 1: Teoría general de sistemas | | | | | |
|---|---|---|---|---|---|
| **Autor/es** | **Año** | **Cita** | **Parafraseo** | **Aplicación en su tesis** | **Redacción final** |
| Ludwig Von Bertalanffy | **1968** | La teoría general de sistemas es la exploración científica de "todos" y "totalidades" que no hace tanto se consideraban nociones metafísicas que salían de las lindes de la ciencia. (Von Bertalanffy, 1968, p. 14) | La teoría general de sistemas es la exploración de la ciencia que representa al conjunto de sus partes en un todo, como conjunto que esta interrelacionado (Von Bertalanffy, 1968) | La teoría de sistemas busca unir, juntar, integrar y relacionar los diversos organismos, componentes para la comprensión holística de funcionalidad. En resumen, la teoría de sistemas permite conceptualizar los fenómenos en un enfoque global, permitiendo la interrelación e integración de temas que abarcan a diferentes ciencias. | |
| **Referencia:** | Von Bertalanffy, L. (1968). *Teoría General de los Sistemas*. México: Fondo de cultura económica. | | | | |

| **Autor/es** | **Año** | **Cita** | **Parafraseo** | **Aplicación en su tesis** | **Redacción final** |
|---|---|---|---|---|---|
| Ludwig Von Bertalanffy | **1968** | TGS afirma que se debe estudiar a los sistemas globalmente, involucrando a todas las interdependencias de sus partes. Considerando tres premisas básicas, Los sistemas existen dentro de otros sistemas, los sistemas son abiertos y que las funciones de los sistemas dependen de su estructura. | La general de sistemas es una rama de la teoría general de sistemas que surgió en base a los trabajos realizados por el biólogo alemán Ludwig Von Bertalanffy y que tenía tres premisas básicas: Los sistemas existen dentro de otros sistemas, los sistemas son abiertos y que las funciones de los sistemas dependen de su estructura. (Chiavenato, 2006) | La teoría de sistemas se opone al mecanicismo que solo consigue dividir, y su atención se presenta de forma aislada; en cambio la teoría de sistemas busca unir, juntar, integrar y relacionar los diversos organismos, componentes para la comprensión holística de funcionalidad. En resumen, la teoría de sistemas permite conceptualizar los fenómenos en un enfoque global, permitiendo la interrelación e integración de temas que abarcan a diferentes ciencias. | |
| **Referencia:** | Chiavenato, I. (2006). *Introducción a la teoría general de la administración*. Distrito Federal: McGraw-Hill Interamericana. | | | | |

| **Autor/es** | **Año** | **Cita** | **Parafraseo** | **Aplicación en su tesis** | **Redacción final** |
|---|---|---|---|---|---|
| Ludwig Von Bertalanffy | **1968** | La teoría de sistemas es la concepción de la organización social como un todo organizado, donde todos y cada uno de los elementos tiene un papel importante que desempeñar. (Torres Hernández, 2014) | La teoría de sistemas es el conjunto de elementos organizados e interrelacionados que tienen un objetivo en común. | La teoría de sistemas, desde el enfoque organizacional, se comprende como un conjunto de elementos que se encuentran interconectados entre sí y que tienen un objetivo. | |
| **Referencia:** | Torres Hernández, Z. (2014). *Teoría general de la Administración*. México: Grupo Editorial Patria. | | | | |

Anexo 16. Matriz de recopilación conceptual.

| Concepto 1: Sistema Experto | | | | | |
|---|---|---|---|---|---|
| **Autor/es** | **Año** | **Cita** | **Parafraseo** | **Aplicación en su tesis** | **Redacción final** |
| Kenneth Sousa - Effy Oz | 2017 | Los sistemas expertos se desarrollan para emular los conocimientos de un experto con el propósito de resolver problemas y tomar decisiones en un dominio relativamente estrecho. Un dominio es un área específica del conocimiento, y es ahí donde los sistemas expertos encapsulan en su código mediante patrones el conocimiento del experto (Sousa & Oz, 2017) | Los sistemas expertos se basan en las experiencias y conocimiento de las personas expertas en una materia específica, el cual, automatizándola, permite tomar decisiones ya establecidas con el propósito de resolver problemas (Sousa & Oz, 2017) | Los sistemas expertos son herramientas tecnológicas que poseen el conocimiento y experiencia de un experto humano en una materia específica. Estos sistemas poseen patrones de códigos preestablecidos que permitirán simular el comportamiento humano al momento de su ejecución. | |
| **Referencia:** | Sousa, K., y Oz, E. (2017). *Administración de los sistemas de información*. Distrito Federal: Cengage Learning Editores, S.A. | | | | |

| Concepto 2: Sistema Experto | | | | | |
|---|---|---|---|---|---|
| **Autor/es** | **Año** | **Cita** | **Parafraseo** | **Aplicación en su tesis** | **Redacción final** |
| C.S. Krishnamoorthy y S. Rajeev | 1996 | La inteligencia artificial y la tecnología de los sistemas expertos en conjunto con las herramientas cognitivas proporcionan técnicas para simular la inteligencia del experto humano en la toma de decisiones, la evolución y el aprendizaje mediante la informática. También se puede mejorar con el uso de sistemas inteligentes (Puri, 2018) | Los sistemas expertos y la inteligencia artificial son un conjunto de herramientas tecnológicas que contienen técnicas para simular el conocimiento e inteligencia del experto humano, tanto para la toma de decisiones y el aprendizaje continuo. (Puri, 2018) | Los sistemas expertos, la inteligencia artificial y los sistemas inteligentes, son herramientas tecnológicas que permiten poseer la inteligencia y el conocimiento de un experto humano, con el objetivo de simular la resolución de problemas y el autoaprendizaje, así como también se aplica en los sistemas inteligentes. | |
| **Referencia:** | Krishnamoorthy, C., y Rajeev, S. (1996). *Artificial Intelligence and Expert Systems for Engineers*. Estados Unidos: CRC Press. doi: https://doi.org/10.1201/9781315137773 | | | | |

| Concepto 3: Sistema Experto | | | | | |
|---|---|---|---|---|---|
| **Autor/es** | **Año** | **Cita** | **Parafraseo** | **Aplicación en su tesis** | **Redacción final** |
| Virginie Mathivet | 2018 | Los sistemas expertos manipulan conocimiento y es interesante utilizarlos para transferir competencias. Es posible utilizarlos, de este modo, en educación y en formación: Permiten indicar al aprendiz las etapas que le van a ayudar a determinar un hecho o las reglas que se aplican en un dominio del experto humano (Mathivet, 2018) | Los sistemas expertos manipulan el conocimiento y lo utilizan para determinar resultados ya preestablecidos en funciona al dominio del experto humano. Estos sistemas expertos se utilizan como guía para los aprendices en una materia específica con el fin de la determinación. (Mathivet, 2018) | Los sistemas expertos al ser herramientas tecnológicas utilizan el conocimiento del experto que domina una materia específica, a su vez, nos permite utilizar el conocimiento como guía para los aprendices, quienes podrán determinar en base a resultados ya preestablecidos. | |
| **Referencia:** | Mathivet, V. (2018). *Inteligencia Artificial para desarrolladores.* Barcelona: Ediciones ENI. | | | | |

| Concepto 4: Sistema Experto | | | | | |
|---|---|---|---|---|---|
| **Autor/es** | **Año** | **Cita** | **Parafraseo** | **Aplicación en su tesis** | **Redacción final** |
| Enrique Castillo, José Manuel Gutiérrez, y Ali S. Hadi | 1996 | Un sistema experto son herramientas tecnológicas que son capaces de procesar y memorizar información, aprender y razonar en situaciones deterministas e inciertas, comunicar con los hombres y/u otros sistemas expertos, tomar decisiones apropiadas, y explicar por qué se han tomado tales decisiones. | Los sistemas expertos al ser herramientas tecnológicas poseen las siguientes funcionalidades: como procesar y memorizar información, aprender y razonar las diferentes casuísticas para poder resolver el problema. | Los sistemas expertos, son herramientas tecnológicas que permiten procesar, memorizar, aprender y razonar sobre las casuísticas en base a las reglas ya especificadas, con el objetivo de determinar los resultados requeridos. | |
| **Referencia:** | Castillo, E., Gutierrez, M., y Hadi, A. (2015). *Sistemas expertos y modelos de redes probabilísticas.* Madrid: Academia de Ingeniería. | | | | |

| Concepto 5: Sistema Experto | | | | | |
|---|---|---|---|---|---|
| **Autor/es** | **Año** | **Cita** | **Parafraseo** | **Aplicación en su tesis** | **Redacción final** |
| Giarratano, J., y Relay, G. | 2001 | Un sistema Experto es un sistema de cómputo que emula la habilidad de tomar decisiones de un especialista humano. El termino emular significa que el sistema experto tiene el objetivo de actuar en todos los aspectos como un especialista humano. | Un sistema experto es un sistema informático que emula el conocimiento, habilidad y experiencia de un dominio específico del especialista humano. Emular significa que el sistema experto determina y procesa igual o mejor al experto humano. (Giarratano & Relay, 2001) | | |

| | | (Giarratano & Relay, 2001) | | | |
|---|---|---|---|---|---|
| | | | | | |
| **Referencia:** | Giarratano, J., y Relay, G. (2001). *Sistemas Expertos: Principio y programación.* Madrid, España: Editorial Internacional Thompson. | | | | |

| Concepto 6: Gestión de servicios de Tecnologías de información | | | | | |
|---|---|---|---|---|---|
| **Autor/es** | **Año** | **Cita** | **Parafraseo** | **Aplicación en su tesis** | **Redacción final** |
| Rob England | 2008 | ITSM es una disciplina basada en el cuerpo del conocimiento, es decir recopila todas las ideas buenas y malas, antiguas y nuevas, como un compendio de conocimiento para los profesionales gestores y administradores de los servicios de tecnologías de información, orientadas a procesos de TI. (England, 2008) | La gestión de servicios de tecnologías de información es una disciplina que recopila todas las ideas sobre cómo gestionar correctamente los servicios de tecnologías de información. Asimismo, está compuesto por procesos que buscan alinear los servicios con las metodologías existentes en TI (England, 2008) | La gestión de servicios de tecnologías de información es una disciplina basada en conocimiento y buenas prácticas para los procesos de tecnologías de información, cuyo fin es alinear los servicios con todos los procesos con el apoyo de diferentes metodologías y guías de buenas prácticas. | |
| **Referencia:** | England, R. (2008). *Introduction to Real ITSM.* Mana, Porirua, New Zealand: Two Hills. | | | | |

| Concepto 7: Gestión de servicios de Tecnologías de información | | | | | |
|---|---|---|---|---|---|
| **Autor/es** | **Año** | **Cita** | **Parafraseo** | **Aplicación en su tesis** | **Redacción final** |
| Donna Knapp | 2010 | La gestión de servicios de tecnologías de información son procesos, que permiten a las organizaciones de Tecnologías de información aumentar su eficiencia y eficacia. Para lograr eficiencia y efectividad, se deben considerar cuatro componentes críticos: personas, procesos, tecnología e información, los cuales ayudaran a madurar a la organización utilizando alguna metodología. (Knapp, 2010) | La gestión de servicios de tecnologías se considera como una disciplina orientada a los procesos de TI, donde las organizaciones buscan lograr la eficiencia y efectividad en un menor tiempo. Esta disciplina emplea el uso de 4 componentes: Personas, tecnología, procesos e información, mediante el uso de metodologías. (Knapp, 2010) | La gestión de servicios de tecnologías se considera como una disciplina orientada a los procesos de TI, donde las organizaciones buscan lograr la eficiencia y efectividad en un menor tiempo. Esta disciplina emplea el uso de 4 componentes: Personas, tecnología, procesos e información, mediante el uso de metodologías. | |
| **Referencia:** | Knapp, D. (2010). *The ITSM Process Design Guide: Developing, Reengineering, and Improving IT.* Los Angeles, Estados Unidos: J. Ross Publishing. | | | | |

| Concepto 8: Gestión de servicios de Tecnologías de información | | | | | |
|---|---|---|---|---|---|
| Autor/es | Año | Cita | Parafraseo | Aplicación en su tesis | Redacción final |
| Beverly Weed-Schertzer | 2019 | La gestión de tecnologías de información es una disciplina enfocada en la unión de personas y tecnologías, es un camino cuádruple que está conformado por personas, progresión, negocios y tecnologías. Estas cuatro extremidades permitirán ayudar a las empresas a madurar en su entorno de las tecnologías de información. (Weed-Schertzer, 2019) | La gestión de tecnologías de información es una disciplina conformada entre personas y tecnologías. Asimismo, cuenta con 4 pilares que permitirán ayudar a madurar y medir los niveles de madurez en todos los procesos de la gestión de servicios de TI. Los pilares son: Personas, tecnología, negocios y progreso. (Weed-Schertzer, 2019) | La gestión de tecnologías de información es una disciplina conformada entre personas y tecnologías. Asimismo, cuenta con 4 pilares que permitirán ayudar a madurar y medir los niveles de madurez en todos los procesos de la gestión de servicios de TI. Los pilares son: Personas, tecnología, negocios y progreso. | |
| Referencia: | Weed-Schertzer, B. (2019). *Delivering ITSM for Business Maturity: A Practical Framework*. Bingley: Emerald Publishing Limited. | | | | |

| Concepto 9: Gestión de servicios de Tecnologías de información | | | | | |
|---|---|---|---|---|---|
| Autor/es | Año | Cita | Parafraseo | Aplicación en su tesis | Redacción final |
| Jan van Bon y Arjen de Jong | 2008 | La gestión de servicios de tecnologías de información es la implantación y gestión de Servicios de TI de Calidad que cumplan con las necesidades del Negocio. La Gestión de los Servicios de TI es llevada a cabo por los Proveedores de Servicios de TI a través de la combinación apropiada de personas, Procesos y Tecnologías de la Información (Bon & Jong, 2008) | La gestión de servicios de tecnologías de información es la aplicación y gestión de los servicios de tecnologías de información demostrando procesos con calidad, eficiencia, confiabilidad según las necesidades del negocio. La utilización de la gestión de servicios de tecnologías de información es llevada a cabo por proveedores de servicios de TI a través del uso de 4 componentes: personas, procesos, tecnologías e información. (Bon & Jong, 2008) | La gestión de servicios de tecnologías de información gestiona los procesos con calidad, eficiencia, confiabilidad en base a las necesidades del negocio. La gestión de servicios de tecnologías de información se apoya en los siguientes componentes: personas, procesos, tecnologías e información, los cuales permitirán evolucionar mediante los niveles de madurez propios del proceso. | |
| Referencia: | Bon, J., y Jong, A. (2008). *Estrategia del Servicio Basada en ITIL® V3 - Guía de Gestión*. Amersfoort, Holanda: Van Haren Publishing. doi: ISBN: 9789087531478 | | | | |
| Concepto 10: Gestión de servicios de Tecnologías de información | | | | | |

| Autor/es | Año | Cita | Parafraseo | Aplicación en su tesis | Redacción final |
|---|---|---|---|---|---|
| Jan van Bon y Arjen de Jong | 2008 | La gestión de servicios de tecnologías de información es la implantación y gestión de Servicios de TI de Calidad que cumplan con las necesidades del Negocio. La Gestión de los Servicios de TI es llevada a cabo por los Proveedores de Servicios de TI a través de la combinación apropiada de personas, Procesos y Tecnologías de la Información (Bon & Jong, 2008) | La gestión de servicios de tecnologías de información es la aplicación y gestión de los servicios de tecnologías de información demostrando procesos con calidad, eficiencia, confiabilidad según las necesidades del negocio. La utilización de la gestión de servicios de tecnologías de información es llevada a cabo por proveedores de servicios de TI a través del uso de 4 componentes: personas, procesos, tecnologías e información. (Bon & Jong, 2008) | La gestión de servicios de tecnologías de información gestiona los procesos con calidad, eficiencia, confiabilidad en base a las necesidades del negocio. La gestión de servicios de tecnologías de información se apoya en los siguientes componentes: personas, procesos, tecnologías e información, los cuales permitirán evolucionar mediante los niveles de madurez propios del proceso. | |
| Referencia: | Bon, J., y Jong, A. (2008). *Estrategia del Servicio Basada en ITIL® V3 - Guía de Gestión.* Amersfoort, Holanda: Van Haren Publishing. doi: ISBN: 9789087531478 | | | | |

| Concepto 10: ITSM | | | | | |
|---|---|---|---|---|---|
| Autor/es | Año | Cita | Parafraseo | Aplicación en su tesis | Redacción final |
| Servitonic | 2019 | La Gestión del Servicio de TI (ITSM) es un enfoque estratégico a nivel de procesos utilizando ITIL para aportar valor al negocio mediante soluciones TI combinando de forma adecuada Personas, Procesos y Tecnología. ITSM ayuda a realizar la conexión entre TI y la estrategia de negocio y ayuda a las organizaciones a entender el impacto de TI en sus distintos procesos de negocio. (Servitonic, 2019) | La gestión de servicio de tecnologías de información es un enfoque orientada a los procesos de tecnologías de información, que aporta valor al negocio alineado a la metodología ITIL, haciendo uso de los 3 componentes personas, tecnologías y procesos. ITSM ayuda alinear la estrategia del negocio con sus servicios tecnológicos (Servitonic, 2019) | La gestión de servicio de tecnologías de información es un enfoque orientada a los procesos de tecnologías de información, que aporta valor al negocio alineado a la metodología ITIL, haciendo uso de los 3 componentes personas, tecnologías y procesos. ITSM ayuda alinear la estrategia del negocio con sus servicios tecnológicos (Servitonic, 2019) | |
| Referencia: | Servitonic. (05 de mayo de 2019). *Servicetonic.es.* (Servitonic, Editor) Recuperado el 2019, de https://www.servicetonic.es: https://www.servicetonic.es/service-desk/que-es-itsm/ | | | | |

| Concepto 11: ITSM | | | | | |
|---|---|---|---|---|---|
| **Autor/es** | **Año** | **Cita** | **Parafraseo** | **Aplicación en su tesis** | **Redacción final** |
| Atlassian | 2019 | La gestión de servicios de TI (ITSM) se basa fundamentalmente en la forma en que gestionas la entrega de servicios integrales de TI a tus clientes de acuerdo con una serie de buenas prácticas. Uno de los marcos de referencia de buenas prácticas que se utilizan con mayor frecuencia en ITSM es ITIL o biblioteca de infraestructura de TI. (Atlassian, 2019) | La gestión de servicio de tecnologías de información se fundamenta en la entrega de calidad, eficiencia, confiabilidad de los servicios integrales que forman los procesos de TI en la organización. ITIL, es el marco de referencia para poder cubrir todos los procesos tecnológicos alineados a la estrategia del negocio. (Atlassian, 2019) | La gestión de servicio de tecnologías de información se fundamenta en la entrega de calidad, eficiencia, confiabilidad de los servicios integrales que forman los procesos de TI en la organización. ITIL, es el marco de referencia para poder cubrir todos los procesos tecnológicos alineados a la estrategia del negocio. (Atlassian, 2019) | |
| **Referencia:** | Atlassian. (05 de mayo de 2019). *Atlassian.com*. Obtenido de es.atlassian.com: https://es.atlassian.com/it-unplugged/itsm | | | | |

| Concepto 11: ITSM | | | | | |
|---|---|---|---|---|---|
| **Autor/es** | **Año** | **Cita** | **Parafraseo** | **Aplicación en su tesis** | **Redacción final** |
| TSO (The Stationery Office) | 2017 | Es la implementación y gestión de tecnologías de información de Calidad, eficiencia y confiabilidad que presenta los servicios, los cuales satisfacen las necesidades del negocio. La gestión es realizada por los proveedores de servicios de TI a través de una mezcla adecuada de personas, proceso e información (TSO, 2017) | La gestión de tecnologías de información es implementar correctamente servicios con calidad, eficiencia y confiabilidad en todos los procesos de TI. Estos servicios satisfacen las necesidades del negocio, el cual es realizada por los proveedores de servicios de TI, mediante el uso de tecnologías, personas y procesos (TSO, 2017) | | |
| **Referencia:** | TSO. (2017). *Service Design*. Norwich: Office of Government Commerce | | | | |

| Concepto 11: Metodología ITIL | | | | | |
|---|---|---|---|---|---|
| **Autor/es** | **Año** | **Cita** | **Parafraseo** | **Aplicación en su tesis** | **Redacción final** |
| Jean-Luc BAUD | 2016 | El enfoque ITIL es una selección de buenas prácticas muy operativas en materia de gestión de los servicios informáticos. Este enfoque se basa en la experiencia; es un enfoque pragmático de la informática, lo que llamamos buenas prácticas en informática y particularmente para el suministro de la gestión de servicios de tecnología de la información. (Baud, 2016) | ITIL es una selección de buenas prácticas para los procesos de la gestión de servicios de las tecnologías de la información. Este enfoque se basa en la experiencia y el avance del nivel de madurez de los procesos de tecnologías de información. (Baud, 2016) | ITIL es una selección de buenas prácticas para los procesos de la gestión de servicios de las tecnologías de la información. Este enfoque se basa en la experiencia y el avance del nivel de madurez de los procesos de tecnologías de información. (Baud, 2016) | |
| **Referencia:** | BAUD, J.-L. (2016). *ITIL® V3: Entender el enfoque y adoptar las buenas prácticas.* Barcelona: Ediciones ENI. | | | | |

| Concepto 12: Metodología ITIL | | | | | |
|---|---|---|---|---|---|
| **Autor/es** | **Año** | **Cita** | **Parafraseo** | **Aplicación en su tesis** | **Redacción final** |
| James Persse | 2012 | ITIL es un enfoque de colección de buenas prácticas, no es un programa de proceso, como a veces se piensa. Más bien, ITIL es un marco que las organizaciones pueden usar para construir sus propios programas de proceso personalizados. Desde el punto de vista de enfoque, ITIL está diseñado para admitir la gestión de servicios de TI. (Persse, 2012) | ITIL es un enfoque de administración que brinda las mejores prácticas en la gestión de servicios de tecnologías de información. Es decir, es un marco de trabajo para que las organizaciones puedan alinear todos sus procesos con el objetivo de brindar calidad, eficiencia, confiabilidad en la entrega de servicios, en los entornos de la gestión de servicios de tecnologías de información. (Persse, 2012) | ITIL es un enfoque de administración que brinda las mejores prácticas en la gestión de servicios de tecnologías de información. Es decir, es un marco de trabajo para que las organizaciones puedan alinear todos sus procesos con el objetivo de brindar calidad, eficiencia, confiabilidad en la entrega de servicios, en los entornos de la gestión de servicios de tecnologías de información. (Persse, 2012) | |
| **Referencia:** | Persse, J. (2012). *The ITIL Process Manual.* Amersfoort, Holanda: Van Haren Publishing. | | | | |

| Concepto 13: Metodología ITIL | | | | | |
|---|---|---|---|---|---|
| **Autor/es** | **Año** | **Cita** | **Parafraseo** | **Aplicación en su tesis** | **Redacción final** |
| Abhinav Krishna Kaiser | 2017 | ITIL se basa en las mejores prácticas y por ello, es tan exitosa debido a que nació de las prácticas de administración en las principales organizaciones de servicios de TI. ITIL tomó prestados todos sus conceptos de las mejores prácticas que existían en ese momento y se basó en los esfuerzos de los líderes de la industria de servicios de TI y las experiencias invaluables que hicieron que estas compañías fueran exitosas. (Krishna A. , 2017) | ITIL, es un conjunto de buenas prácticas basada en la experiencia y de su aplicación en la administración de las principales organizaciones de servicio de tecnologías de información. ITIL utiliza los conceptos, procesos, experiencias, buenas prácticas y el mejor esfuerzo de los líderes de la industria de la informática, por tal motivo es el éxito de este, al alinear los procesos y servicios tecnológicos a la estrategia de la organización. (Krishna A. , 2017) | ITIL, es un conjunto de buenas prácticas basada en la experiencia y de su aplicación en la administración de las principales organizaciones de servicio de tecnologías de información. ITIL utiliza los conceptos, procesos, experiencias, buenas prácticas y el mejor esfuerzo de los líderes de la industria de la informática, por tal motivo es el éxito de este, al alinear los procesos y servicios tecnológicos a la estrategia de la organización. (Krishna A. , 2017) | |
| **Referencia:** | Krishna, A. (2017). *Become ITIL Foundation Certified in 7 Days: Learning ITIL Made Simple with Real-life examples.* Toongabbie, New South Wales, Australia: Apress. doi: DOI 10.1007/978-1-4842-2164-8 | | | | |

| Concepto 14: Metodología ITIL | | | | | |
|---|---|---|---|---|---|
| **Autor/es** | **Año** | **Cita** | **Parafraseo** | **Aplicación en su tesis** | **Redacción final** |
| Axelos | 2019 | ITIL es el enfoque más ampliamente aceptado para la gestión de servicios de TI en el mundo. ITIL puede ayudar a las personas y organizaciones a usar la TI para realizar cambios, transformaciones y crecimiento de negocios. (Axelos, 2019) | ITIL es el enfoque universal número uno a nivel mundial para la correcta gestión, transformación digital y crecimiento de los servicios de tecnologías de información, el cual se alinea a los procesos, personas y tecnologías con la estrategia del negocio. (Axelos, 2019) | ITIL es el enfoque universal número uno a nivel mundial para la correcta gestión, transformación digital y crecimiento de los servicios de tecnologías de información, el cual se alinea a los procesos, personas y tecnologías con la estrategia del negocio. (Axelos, 2019) | |
| **Referencia:** | Axelos. (04 de mayo de 2019). *Axelos.com.* Obtenido de https://www.axelos.com: https://www.axelos.com/best-practice-solutions/itil | | | | |

| Concepto 12: Metodología ITIL | | | | | |
|---|---|---|---|---|---|
| **Autor/es** | **Año** | **Cita** | **Parafraseo** | **Aplicación en su tesis** | **Redacción final** |
| Aguinaldo Aragón Fernández y Vladimir Ferraz de Abreu | 2014 | ITIL es un agrupamiento de las mejores prácticas utilizadas para el gerenciamiento de los servicios de tecnologías de información de alta calidad, obtenidas en consenso después de observaciones en la práctica, pesquisa y trabajo de tecnologías de información y procesamiento de datos de todo el mundo. Debido a la profundidad del conocimiento, ITIL se ha afirmado continuamente como el padre mundial de facto de las mejores prácticas para la gestión de servicios de TI. (Aragón & Ferraz, 2014) | ITIL, es el conjunto de las mejores prácticas mundiales en la gestión de tecnologías de información, los cuales poseen calidad, eficiencia y confiabilidad en todos los procesos de tecnologías de información. Para ellos se apoya en las tecnologías, personas y procesos en base a la experiencia global de las organizaciones de tecnología que están enfocadas en los procesos de TI. (Aragón & Ferraz, 2014) | | |
| **Referencia:** | Aragón, A., y Ferraz, V. (2014). *Implantando a Governanca de Ti: Da Estrategia a Gestao Dos Processos e Servicos* (4ta. Edicion ed.). Rio de Janeiro, Rio de Janeiro, Brasil: Brasport Livros e Multimídia Ltda | | | | |

| Concepto 12: Metodología ITIL | | | | | |
|---|---|---|---|---|---|
| **Autor/es** | **Año** | **Cita** | **Parafraseo** | **Aplicación en su tesis** | **Redacción final** |
| STI (Superintendência de Tecnologia da Informação) | 2014 | Es el enfoque más utilizado en todo el mundo para el gerenciamiento de los servicios de tecnologías de información. ITIL provee un marco que describe las mejores prácticas para planificar, proyectar, entregas, evaluar y brindar el soporte a los servicios de tecnologías de información, teniendo como principal objetivo la medición continua de todos los procesos alineados a la organización. (STI, 2014) | ITIL, es el enfoque más utilizado en el mundo de la gestión de servicios de tecnologías de la información, debido a que provee un marco de referencia para planificar, proyectar, evaluar, alinear y soportar los procesos, teniendo como objetivo la medición constante del comportamiento y evolución de los servicios de TI, en referencia al ciclo de vida del servicio de ITIL. (STI, 2014) | | |
| **Referencia:** | STI. (2014). *Plano de Governança de Tecnologia de Informação*. Rio de Janeiro: Universidade Federal Fluminense | | | | |

| Concepto 15: Metodología ITIL | | | | | |
|---|---|---|---|---|---|
| **Autor/es** | **Año** | **Cita** | **Parafraseo** | **Aplicación en su tesis** | **Redacción final** |
| Marlon Molina Rodríguez | 2014 | ITIL, es un marco de trabajo de las mejores prácticas de organización de tecnologías destinadas a facilitar la entrega de servicios de tecnologías de la información (TI) de alta calidad mediante el uso de los procesos según el ciclo de vida de ITIL. (Molina, 2014) | ITIL, es un marco de trabajo basado en las mejores prácticas del mercado de tecnologías de información. Este framework se encarga de brindar calidad, eficiencia y confiabilidad en los procesos tecnologías, los cuales están alineados a la estrategia del negocio. (Molina, 2014) | | |
| **Referencia:** | Molina, M. (2014). *Fundamentos del ITIL: Introducción a la gestión del servicio de TI*. Lima: New Horizons | | | | |

| Concepto 15: Ciclo de vida de ITIL | | | | | |
|---|---|---|---|---|---|
| **Autor/es** | **Año** | **Cita** | **Parafraseo** | **Aplicación en su tesis** | **Redacción final** |
| Axelos | 2019 | ITIL posee 5 volúmenes que mapean todo el ciclo de vida del servicio ITIL, comenzando con la identificación de las necesidades del cliente y los impulsores de los requisitos de TI, hasta el diseño y la implementación del servicio y, finalmente, la fase de monitoreo y mejora del servicio. Entre ellas tenemos la estrategia, diseño, transición, operación y mejora continua del servicio. (Axelos, 2019) | El ciclo de vida de ITIL, están conformadas por 5 fases que agrupan un conjunto de procesos de tecnologías de información. Las fases son estrategia, diseño, transición, operación y mejora continua del servicio. La primera fase es para analizar e identificar las necesidades del cliente, para luego tener claro los requisitos en base a un diseño, luego viene la implementación y por último se procede con la evaluación y monitoreo de los servicios. (Axelos, 2019) | | |
| **Referencia:** | Axelos. (04 de mayo de 2019). *Axelos.com*. Obtenido de https://www.axelos.com: https://www.axelos.com/best-practice-solutions/itil | | | | |

| Concepto 16: Ciclo de vida de ITIL | | | | | |
| --- | --- | --- | --- | --- | --- |
| Autor/es | Año | Cita | Parafraseo | Aplicación en su tesis | Redacción final |
| TSO (The Stationery Office) | 2019 | El ciclo de vida de ITIL está conformada por 5 elementos, cada uno de los cuales se basa en los principios, procesos, roles y medidas de rendimiento del servicio. El Servicio del. El ciclo de vida utiliza un diseño de eje y radio, con la estrategia de servicio en el centro, el diseño, la transición y la operación del servicio como etapas de ciclo de vida rotativas, y se basa en la mejora continua del servicio. Cada práctica gira en torno a garantizar que todo lo que hace un proveedor de servicios para administrar los servicios de TI para la empresa. (TSO, 2017) | El ciclo de vida de ITIL está conformado por cinco fases, cada uno de los cuales se centra en los procesos, principios, experiencias, roles, mediciones y evaluaciones para tener un servicio de calidad, eficiente y confiable, con el fin de incrementar los niveles de madurez de cada área o proceso de servicio de tecnologías de información. Las fases de ITIL son estrategia, diseño, transición, operación y mejora continua del servicio. (TSO, 2017) | | |
| Referencia: | TSO. (2017). *The Official Introduction to the ITIL Service Lifecycle.* Norwich, UK: Office of Government Commerce | | | | |

| Concepto 15: Ciclo de vida de ITIL | | | | | |
| --- | --- | --- | --- | --- | --- |
| Autor/es | Año | Cita | Parafraseo | Aplicación en su tesis | Redacción final |
| TSO (The Stationery Office) | 2019 | El ciclo de vida de ITIL está conformada por 5 elementos, cada uno de los cuales se basa en los principios, procesos, roles y medidas de rendimiento del servicio. El Servicio del. El ciclo de vida utiliza un diseño de eje y radio, con la estrategia de servicio en el centro, el diseño, la transición y la operación del servicio como etapas de ciclo de vida rotativas, y se basa en la mejora continua del servicio. Cada práctica gira en torno a garantizar que todo lo que hace un proveedor de servicios para administrar los servicios de TI para la empresa. (TSO, 2017) | El ciclo de vida de ITIL está conformado por cinco fases, cada uno de los cuales se centra en los procesos, principios, experiencias, roles, mediciones y evaluaciones para tener un servicio de calidad, eficiente y confiable, con el fin de incrementar los niveles de madurez de cada área o proceso de servicio de tecnologías de información. Las fases de ITIL son estrategia, diseño, transición, operación y mejora continua del servicio. (TSO, 2017) | | |
| Referencia: | TSO. (2017). *The Official Introduction to the ITIL Service Lifecycle.* Norwich, UK: Office of Government Commerce | | | | |

# Anexo 17. Matriz de recopilación de los antecedentes

| Datos del antecedente 1: Gestión de servicios de TI (Internacional) | | | |
|---|---|---|---|
| Título | Evaluación de la Calidad de Gobierno de Tecnologías y Sistemas de Información Basada en Valor. | Metodología | Cualitativa |
| Autor | Fidel Francisco Font Sierra | Tipo | Explicativo |
| Año | 2017 | Enfoque | Cualitativo |
| Objetivo | "Proponer un Modelo de Calidad de Gobierno de Tecnologías y Sistemas de Información (GoTSI) basada en Valor, con el fin de ayudar a comprender el sistema de gobierno y mejorar procedimientos internos, a través de un conjunto de componentes que respondan a principios de un buen gobierno de TSI en el ámbito público ecuatoriano.<br><br>Estudiar propuestas existentes de evaluación de calidad del gobierno de tecnologías de información basadas en valor.<br><br>Proponer un proceso de autoevaluación que facilite la mejora del accionar del equipo rector de gobierno. Analizar la importancia que le brindan expertos de gobierno a los diferentes criterios de excelencia. | Diseño | Descriptivo |
| Resultados | Se puede afirmar que sí es posible definir un modelo estructurado de evaluación de la calidad de GoTSI basada en valor, que sea coherente, consistente y pertinente a las tecnologías y sistemas de información.<br><br>La evaluación de la calidad del área de Gobierno de TI se incrementó, asimismo, como la confiabilidad y eficiencias de la gestión de sus servicios de TI.<br><br>Los resultados de las investigaciones realizadas demuestran que es posible proponer un modelo con criterios específicos y exhaustivos de calidad basada en valor. Cuyos contenidos son desarrollados por expertos y para expertos en TSI que apoyan estos criterios. | Método<br>Población<br>Muestra<br>Técnicas<br>Instrumentos | Inductivo<br>62 especialistas de TSI<br><br>Entrevistas<br>Cuestionario |
| Conclusiones | El modelo de evaluación propuesto tiene la intención de ser un modelo escalable, dando la oportunidad de incluir más criterios, subcriterios y dimensiones para mejorar los resultados enfocados en la calidad de los equipos de gobierno de TSI.<br><br>El modelo implementado, permite identificar el nivel de madurez actual para el área de Gobierno de Tecnologías y Sistemas de Información (GoTSI), con el fin de incrementar su valor en la organización. | Método de análisis de datos | Descriptiva |
| Redacción final | Merchán (2017) *Evaluación de la Calidad de Gobierno de Tecnologías y Sistemas de Información Basada en Valor*. La evaluación de la calidad del área de Gobierno de TI se incrementó, asimismo, como la confiabilidad y eficiencias de la gestión de sus servicios de TI. Las concusiones demuestran que el modelo implementado, permite identificar el nivel de madurez actual para el área de Gobierno de Tecnologías y Sistemas de Información (GoTSI), con el fin de incrementar su valor en la organización. | | |
| Referencia (tesis) | Merchán, V. (2017). *Evaluación de la Calidad de Gobierno de Tecnologías y Sistemas de Información Basada en Valor*. Buenos Aires: Facultad de Informática - Universidad Nacional de La Plata. | | |

<table>
<tr><td colspan="4" align="center">Datos del antecedente 2: Gestión de servicios de TI (Internacional)</td></tr>
<tr><td>Título</td><td>Modelo basado en ITIL para la Gestión de los Servicios de TI en la Cooperativa de Caficultores de Manizales</td><td>Metodología</td><td>Cuantitativa</td></tr>
<tr><td>Autor</td><td>Luisa Fernanda Quintero Gómez, Hernando Peña Villamil</td><td>Tipo</td><td>Aplicada</td></tr>
<tr><td>Año</td><td>2017</td><td>Enfoque</td><td>Cuantitativo</td></tr>
<tr><td>Objetivo</td><td>Evaluar, con base en los elementos seleccionados y de forma diagnóstica, los procesos y Gestión de Servicios de TI llevados a cabo por el área de IT.<br><br>Determinar los elementos más relevantes de ITIL, que sean aplicables en el área de IT<br><br>Elaborar una propuesta de mejora en la Gestión de Servicios de TI con la adaptación de los procesos seleccionados, fundamentados en ITIL<br><br>Validar la propuesta elaborada mediante su aplicación en uno de los servicios del área de IT.</td><td>Diseño</td><td>Preexperimental</td></tr>
<tr><td rowspan="4">Resultados</td><td rowspan="4">Se realizó el mapeo de los procesos de ITIL 2011 y los procesos identificados en el área de TI de la Cooperativa, con el fin de establecer los elementos comunes que debían ser adaptados.<br><br>Se realizó la evaluación del nivel de madurez inicial y deseada de los procesos llevados a cabo en el área de TI, utilizando un nuevo modelo como sistema.<br><br>La propuesta de mejora da como resultado el modelo para la Gestión de los servicios de TI acorde a las necesidades del área de tecnología de información.<br><br>Mediante la aplicación al Servicio de soporte a usuarios se formalizó la implementación operativa y procedimental del modelo propuesto a través de los procesos de gestión de servicios.</td><td>Método</td><td>Hipotético Deductivo</td></tr>
<tr><td>Población</td><td>50 documentos</td></tr>
<tr><td>Muestra</td><td></td></tr>
<tr><td>Técnicas</td><td>Entrevistas Observación</td></tr>
<tr><td></td><td></td><td>Instrumentos</td><td>Fichas</td></tr>
<tr><td>Conclusiones</td><td>La evaluación de los niveles de madurez inicial y deseados, sumado a los procesos que generen mayor valor para la organización, permite determinar el camino a seguir en el mejoramiento de los procesos con base el ITIL, a fin de incrementar la productividad en la gestión de los servicios, la optimización del costo y, sobre todo, la satisfacción de los clientes.<br><br>El resultado del trabajo realizado permitió a través del modelo propuesto, definir una ruta de acción para mejorar la gestión de los servicios de TI</td><td>Método de análisis de datos</td><td>Inferencial</td></tr>
<tr><td>Redacción final</td><td colspan="3">Quintero y Peña (2017) Modelo basado en ITIL para la Gestión de los Servicios de TI en la Cooperativa de Caficultores de Manizales, realizo el mapeo de los procesos aplicando ITIL a todos los procesos de gestión de servicios de TI, con el fin de establecer que procesos deberán ser alineados. Además, realizo la evaluación de los niveles de madurez inicial y deseada utilizando el nuevo modelo como sistema de apoyo. En la conclusión se puedo demostrar la evaluación de los niveles de madurez para identificar que procesos generan valor a la gestión de servicios con el objetivo de mejorar la confiabilidad e incrementar la productividad con eficiencia.</td></tr>
<tr><td>Referencia (tesis)</td><td colspan="3">Quintero, L., y Peña, H. (2017). Modelo basado en ITIL para la Gestión de los Servicios de TI en la Cooperativa de Caficultores de Manizales. Manizales: Universidad Autónoma de Manizales.</td></tr>
</table>

| | | | |
|---|---|---|---|
| Título | Melhores práticas do COBIT, ITIL e ISO/IEC 27002 para implantação de política de segurança da informação em Instituições Federais do Ensino Superior | Metodología | Cualitativa |
| Autor | Orlivaldo Kléber Lima Rios<br>Vânia Patrícia da Silva Rios<br>José Gilson de Almeida Teixeira Filho | Tipo | Explicativo |
| Año | 2017 | Enfoque | Cualitativo |
| Objetivo | Consiste en definir las mejores practicasen la gestión de la seguridad de la información para su implantación y revisión en la institución policial, asegurando la fiabilidad, autenticidad, disponibilidad y eficiencia en un menor tiempo posible.<br><br>Obtener mediante herramientas especializadas la correcta gestión de los procesos de TI, aplicando las mejores prácticas para los procesos estratégicos, tácticos y operacionales, generando la aceptación y alto cumplimiento de la gestión. | Diseño | Descriptivo |
| Resultados | Los resultados de evaluación demuestran que, al aplicar las mejores prácticas de gestión de servicio para el área de TI, esta mejorara a nivel de confiabilidad, disponibilidad, y eficiencia. | Método | Inductivo |
| | | Población | 16 documentos |
| | | Muestra | |
| | | Técnicas | Entrevistas |
| | | Instrumentos | Cuestionario |
| Conclusiones | Aplicando las mejores prácticas, se pude evidenciar que se obtiene una mejora en el apoyo de las políticas implementadas y una buena gestión en el área de la gestión de servicios de TI.<br><br>El uso del nuevo modelo permite conseguir un mejor nivel de seguridad de la gestión de servicio de TI. Obteniendo confiabilidad, disponibilidad y eficiencia. | Método de análisis de datos | Descriptiva |
| Redacción final | Lima, Silva, y Almeida (2017) Melhores práticas do COBIT, ITIL e ISO/IEC 27002 para implantação de política de segurança da informação em Instituições Federais do Ensino Superior. Los resultados de evaluación demuestran que, al aplicar las mejores prácticas de gestión de servicio para el área de TI, esta mejorara a nivel de confiabilidad, disponibilidad, y eficiencia. En las conclusiones se demuestra que el uso del nuevo modelo permite conseguir un mejor nivel de seguridad de la gestión de servicio de TI. Obteniendo confiabilidad, disponibilidad y eficiencia. | | |
| Referencia (tesis) | Lima, O., Silva, V., y Almeida, J. (2017). *Melhores práticas do COBIT, ITIL e ISO/IEC 27002 para implantação de política de segurança da informação em Instituições Federais do Ensino Superior.* Revista Gestão y Tecnología. | | |

<table>
<tr><td colspan="5" style="background:black;color:white;text-align:center">Datos del antecedente 4: Gestión de servicios de TI (Internacional)</td></tr>
<tr><td>Título</td><td>Information technology service management processes maturity in the brazilian federal direct administration</td><td>Metodología</td><td colspan="2">Cualitativa</td></tr>
<tr><td>Autor</td><td>María Albeti Vieira Vitoriano<br>João Souza Neto</td><td>Tipo</td><td colspan="2">Explicativo</td></tr>
<tr><td>Año</td><td>2015</td><td>Enfoque</td><td colspan="2">Cualitativo</td></tr>
<tr><td>Objetivo</td><td>Establecer un modelo sistémico para el levantamiento de información sobre el nivel actual de la gestión de servicios de TI e identificar el nivel de madurez del servicio para la dirección federal de administración brasileña.<br><br>Efectuar la evaluación de los procesos de ITSM críticos y brindar posibles soluciones para la dirección federal de administración brasileña.</td><td>Diseño</td><td colspan="2">Descriptivo</td></tr>
<tr><td rowspan="2">Resultados</td><td rowspan="2">Los resultados obtenidos en las áreas de Gestión de servicio de tecnologías de información de los ministerios evaluados determinan que existen bajos niveles de madurez en los procesos de GSTI. El proceso que mejor resultado mostro fue el de gestión de incidentes al tener un promedio regular en los niveles de madurez, todo ello fue recolectado mediante las entrevistas a los especialistas de Tecnologías.<br><br>Los procesos de la gestión de problemas, gestión de configuración, gestión de activos y gestión de disponibilidad se mantuvieron en el mismo promedio al ser evaluados en los diferentes ministerios de la dirección federal de administración brasileña.</td><td>Método</td><td colspan="2">Inductivo</td></tr>
<tr><td>Población</td><td colspan="2">12 DTI en 24 ministerios</td></tr>
<tr><td></td><td></td><td>Muestra</td><td colspan="2"></td></tr>
<tr><td></td><td></td><td>Técnicas</td><td colspan="2">Entrevistas</td></tr>
<tr><td></td><td></td><td>Instrumentos</td><td colspan="2">Cuestionario</td></tr>
<tr><td>Conclusiones</td><td>Los niveles de madurez en los 12 departamentos de Tecnologías de información son muy incipientes, podrán existir iniciativas, pero no tienen un rumbo.<br><br>Se determinó que el modelo cumplió su propósito de identificar el nivel de madurez respecto a cada una de las áreas de TI, aplicando preguntas genéricas sobre cada proceso como parte de la solución, considerando la falta de presupuesto de la entidad, falta de capacitación y recursos especializados.<br><br>La falta de vínculo entre las estrategias del negocio vs la estrategia operativa es uno de los flagelos detectado, por el cual recomiendan que el personal se capacite y fomente, políticas, flujos que refuercen las mejores prácticas de ITIL.<br><br>Este hallazgo también se basa en cuatro de las principales causas dadas por los encuestados, a saber: falta de prioridad para TI, falta de recursos financieros, visión limitada del rol de TI de la administración superior y falta de planificación de TI.</td><td>Método de análisis de datos</td><td colspan="2">Descriptiva</td></tr>
<tr><td>Redacción final</td><td colspan="4">Vieira y Souza (2015), Information technology service management processes maturity in the brazilian federal direct administration. Los resultados obtenidos en las áreas de Gestión de servicio de tecnologías de información de los ministerios evaluados determinan que existen bajos niveles de madurez en los procesos de GSTI. Las conclusiones determinaron que el modelo cumplió su propósito de identificar el nivel de madurez respecto a cada una de las áreas de TI, aplicando preguntas genéricas sobre cada proceso como parte de la solución, considerando la falta de presupuesto de la entidad, falta de capacitación y recursos especializados.</td></tr>
<tr><td>Referencia (tesis)</td><td colspan="4">Vieira, M., y Souza, J. (2015). Maturidade dos Processos de Gerenciamento de Serviços de Tecnologia da Información na Administração Direta Federal. Rio de Janeiro: Journal of Information Systems and Technology Management.</td></tr>
</table>

| Datos del antecedente 5: Sistema Experto (Internacional | | | |
|---|---|---|---|
| Título | Sistema inteligente para la supervisión y Monitoreo de la calidad del servicio eléctrico | Metodología | Cuantitativa |
| Autor | Raúl Cesar Vilcahuamán Sanabria | Tipo | Aplicada |
| Año | 2016 | Enfoque | Cuantitativo |
| Objetivo | Desarrollar un sistema inteligente para validar la base de datos de las empresas eléctricas de distribución utilizable en la supervisión y monitoreo de calidad del servicio eléctrico, aplicando fórmulas matemáticas adheridos a la solución<br><br>Identificar la calidad y consistencia de la información de la base de datos de la NTCSE, para una mejora en la toma de decisiones por parte de las empresas eléctricas.<br><br>Implementar un sistema inteligente para mejorar la confiabilidad, eficiencia de los datos en la supervisión y el monitoreo de calidad de los servicios eléctricos. | Diseño | Preexperimental |
| Resultados | Los modelos matemáticos utilizados en los sistemas eléctricos, localidades, SETS, demandas, SEDs, cantidad de usuarios y sectores típicos permitieron identificar los errores en las bases de datos por las empresas y con este detalle las empresas eléctricas pudieron mejorar su información recién reportada.<br><br>VALSIRAI es un sistema inteligente y experto en calidad del servicio eléctrico que puede analizar y gestionar la información recién transferida por las empresas eléctricas en tiempos adecuados y sin mayores aspavientos. | Método<br><br>Población<br><br>Muestra<br><br>Técnicas<br>Instrumentos | Hipotético Deductivo<br><br>15 fichas - 6410160 Suministros<br><br>15 fichas - 6410160 Suministros<br><br>Archivo ASCII<br>BD SQL |
| Conclusiones | Se mejoró la consistencia de la data reportada utilizando las formulaciones matemáticas y con el aporte del experto humano.<br><br>El sistema inteligente soluciono el problema de calidad, eficiencia, confiabilidad y consistencia de los datos reportados por las 15 compañías eléctricas. | Método de análisis de datos | Inferencial |
| Redacción final | Vilcahuamán (2016), *Sistema inteligente para la supervisión y Monitoreo de la calidad del servicio eléctrico*. Los resultados de los modelos matemáticos utilizados en los sistemas eléctricos, localidades, SETS, demandas, SEDs, cantidad de usuarios y sectores típicos permitieron identificar los errores en las bases de datos por las empresas y con este detalle las empresas eléctricas pudieron mejorar su información recién reportada. Las conclusiones indican que el sistema inteligente soluciono el problema de calidad, eficiencia, confiabilidad y consistencia de los datos reportados por las 15 compañías eléctricas. | | |
| Referencia (tesis) | Vilcahuamán, R. (2016). *Sistema inteligente para la supervisión y Monitoreo de la calidad del servicio eléctrico*. Callao: Sección de posgrado de la facultad de ingeniería Universidad Nacional del Callao. | | |

| Datos del antecedente 5: ITIL (Internacional) | | | |
| --- | --- | --- | --- |
| Título | Einsatz von ITIL zur Prozessoptimierung im Rechenzentrum der Hochschule Harz am Beispiel des Release Managements<br><br>"Uso de ITIL para la optimización de procesos en el centro de cómputo de Harz University utilizando el proceso de Release Management" | Metodología | Cuantitativa |
| Autor | Hans-Jürgen Scheruhn<br>Christian Reinboth<br>Thomas Habel | Tipo | Aplicada |
| Año | 2018 | Enfoque | Cuantitativo |
| Objetivo | Desarrollar una herramienta informática basada en ITIL para los procesos del centro de cómputo de Harz University.<br><br>Documentar la mejora de procesos de la gestión de incidentes, cambios, problemas y la gestión del nivel de servicio aplicando ITIL del propio centro informático | Diseño | Preexperimental |
| Resultados | Se implementó el sistema OPEN Ticket Request System para mejorar la implementación de ITIL para los procesos de incidentes, reléase y cambios.<br><br>Los procesos de la gestión de servicio de Harz University se alinearon mediante la implementación del software con IITL, generando un 60% de mejora en 3 procesos críticos. | Método | Hipotético Deductivo |
| | | Población | 20 fichas de control |
| | | Muestra | 20 fichas de control |
| | | Técnicas | Observación |
| | | Instrumentos | Fichas |
| Conclusiones | La implementación del uso del software Open Ticket Request permitió mejorar en eficiencia, confiabilidad y disponibilidad en un 60% los procesos de la gestión de incidentes, reléase, cambios y problemas.<br><br>El uso de ITIL, permitió conocer el estado actual de los procesos, para poder revisar las falencias y mejorar según el ciclo de vida de la gestión de servicios. | Método de análisis de datos | Inferencial y descriptivo |
| Redacción final | Scheruhn, Reinboth, y Habel (2018), Einsatz von ITIL zur Prozessoptimierung im Rechenzentrum der Hochschule Harz am Beispiel des Release Managements.<br><br>Los resultados indicaron que los procesos de la gestión de servicio de Harz University se alinearon mediante la implementación del software con IITL, generando un 60% de mejora en 3 procesos críticos. Las conclusiones demostraron que la implementación del uso del software Open Ticket Request permitió mejorar en eficiencia, confiabilidad y disponibilidad en un 60% los procesos de la gestión de incidentes, reléase, cambios y problemas. | | |
| Referencia (tesis) | Scheruhn, H.-J., Reinboth, C., y Habel, T. (2018). *Einsatz von ITIL zur Prozessoptimierung im Rechenzentrum der Hochschule Harz am Beispiel des Release Managements*. Friedrichstr: Hochschule Harz. | | |

<table>
<tr><th colspan="5">Datos del antecedente 6: Sistema experto</th></tr>
<tr><td>Título</td><td>Aplicaciones de inteligencia artificial en procesos de cadenas de suministros: una revisión sistemática</td><td>Metodología</td><td colspan="2">Cuantitativa</td></tr>
<tr><td>Autor</td><td>Gabriel A. Icarte Ahumada</td><td>Tipo</td><td colspan="2">Aplicada</td></tr>
<tr><td>Año</td><td>2016</td><td>Enfoque</td><td colspan="2">Cuantitativo</td></tr>
<tr><td>Objetivo</td><td>Establecer de forma empírica el aporte de la IA en procesos de la cadena de suministro, para luego establecer actividades de investigación a realizarse en el futuro.<br><br>Demostrar el impacto del uso de la Inteligencia artificial para mejorar los procesos de la cadena de suministro.</td><td>Diseño</td><td colspan="2">Preexperimental</td></tr>
<tr><td rowspan="4">Resultados</td><td rowspan="4">Los principales resultados indican que los algoritmos genéticos y los agentes inteligentes son las técnicas más investigadas para procesos de la gestión de la cadena de suministros relacionados con la planificación y, en menor medida, a procesos relacionados con la entrega de productos.<br><br>Al ejecutar la planificación de la revisión sistemática descrita en la sección anterior, se obtuvo un total de 524 artículos en los resultados de búsqueda. Sobre estos artículos se extrajo el año de publicación, la revista en donde se publicó y la técnica de IA utilizada</td><td>Método</td><td colspan="2">Hipotético Deductivo</td></tr>
<tr><td>Población</td><td colspan="2">524 artículos</td></tr>
<tr><td>Muestra</td><td colspan="2">524 artículos</td></tr>
<tr><td>Técnicas</td><td colspan="2">Cálculos matemáticos</td></tr>
<tr><td></td><td></td><td>Instrumentos</td><td colspan="2">Listas de artículos</td></tr>
<tr><td>Conclusiones</td><td>Existe una tendencia al alza en la publicación de artículos que muestran el uso de técnicas de IA en procesos de la cadena de suministros.<br><br>Las principales técnicas de IA utilizadas en procesos de la cadena de suministro son algoritmos genéticos y agentes inteligentes, aplicándolas principalmente en procesos relacionados a la planificación y, en menor medida, a procesos de entrega de productos.<br><br>Los niveles de confiabilidad y eficiencia de la cadena de suministro mejoraron, mediante el uso de las herramientas de la inteligencia artificial, al mostrar modelos SCOR sin errores.</td><td>Método de análisis de datos</td><td colspan="2">Descriptivo</td></tr>
<tr><td>Redacción final</td><td colspan="4">Icarte (2016) Aplicaciones de inteligencia artificial en procesos de cadenas de suministros: una revisión sistemática. Los principales resultados indican que los algoritmos genéticos y los agentes inteligentes son las técnicas más investigadas para procesos de la gestión de la cadena de suministros relacionados con la planificación y, en menor medida, a procesos relacionados con la entrega de productos. Las conclusiones indican que los niveles de confiabilidad y eficiencia de la cadena de suministro mejoraron mediante el uso de las herramientas de la inteligencia artificial, al mostrar modelos SCOR sin errores.</td></tr>
<tr><td>Referencia (tesis)</td><td colspan="4">Icarte, G. (2016). Aplicaciones de inteligencia artificial en procesos de cadenas de suministros: una revisión sistemática. Iquique: Revista chilena de ingeniería. doi: https://dx.doi.org/10.4067/S0718-33052016000400011</td></tr>
</table>

| Título | Modelos y herramientas para la representación y análisis de datos en LMS para enseñanzas universitarias. | Metodología | Cuantitativa |
|---|---|---|---|
| Autor | Magdalena Cantabella Sabater | Tipo | Aplicada |
| Año | 2018 | Enfoque | Cuantitativo |
| Objetivo | Utilizar la Web Semántica en un LMS como modelo basado en conocimiento para la recomendación de buenas prácticas docentes.<br><br>Analizar modelos de comportamiento del profesorado en LMS.<br><br>Mejorar el proceso de interacción y seguimiento de coordinación docente en LMS.<br><br>Definir reglas de conocimiento experto que permitan inferir de manera automática, recomendaciones y estrategias que ayuden a mejorar el proceso de enseñanza aprendizaje en plataformas LMS. | Diseño | Experimental |
| Resultados | Se evidencio que la web semántica utilizando reglas del conocimiento del experto mejoró considerablemente las recomendaciones de las mejores prácticas docentes.<br><br>Se identifico las carencias y necesidades de la enseñanza aprendizaje, mediante el uso del sistema experto. | Método<br><br>Población<br><br>Muestra<br><br>Técnicas<br><br>Instrumentos | <br><br>200 profesores |
| Conclusiones | Con el apoyo del sistema experto utilizando la web semántica, se identificó y mejoro en eficiencia y calidad los procesos de enseñanza aprendizaje.<br><br>El aporte del uso de minería de datos permitió que el sistema experto OntoSakai identifique las falencias a mejorar como parte del proceso de enseñanza. | Método de análisis de datos | Descriptivo |
| Redacción final | Cantabella (2018), *Modelos y herramientas para la representación y análisis de datos en LMS para enseñanzas universitarias*. Los resultados evidenciaron que la web semántica utilizando reglas del conocimiento del experto mejoró considerablemente las recomendaciones de las mejores prácticas docentes universitarias. Las conclusiones refieren que, mediante el uso de sistema experto al utilizar la web semántica, se identificó y mejoró en eficiencia y calidad los procesos de enseñanza aprendizaje. | | |
| Referencia (tesis) | Cantabella, M. (2018). *Modelos y herramientas para la representación y análisis de datos en LMS para enseñanzas universitarias*. Murcia: Escuela internacional de Doctorado UCM. | | |

**ESCUELA DE POSGRADO**
UNIVERSIDAD CÉSAR VALLEJO

## ACTA DE APROBACIÓN DE ORIGINALIDAD DE TRABAJO ACADÉMICO

Yo, Irma Milagros Carhuancho Mendoza, docente de la Escuela de Posgrado de la Universidad César Vallejo filial Lima Norte.

La tesis titulada "Sistema experto para la gestión de servicios de tecnologías de la información en la empresa Sion Global Solutions, Lima 2019" del estudiante **Flores Zafra David,** constato que la investigación tiene un índice de similitud de  10% verificable en el reporte de originalidad del programa Turnitin.

La suscrita analizó dicho reporte y concluyó que cada una de las coincidencias detectadas no constituye plagio. A mi leal saber y entender la tesis cumple con todas las normas para el uso de citas y referencias establecidas por la Universidad César Vallejo.

Lima, 18 de enero del 2020

Dra. Irma Milagros Carhuancho Mendoza
DNI:40460914

Anexo 19. Pantallazo del Turnitin

Anexo 20. Formulario de autorización para publicación electrónica

**Centro de Recursos para el Aprendizaje y la Investigación (CRAI)**
**"César Acuña Peralta"**

## FORMULARIO DE AUTORIZACIÓN PARA LA PUBLICACIÓN ELECTRÓNICA DE LAS TESIS

1. **DATOS PERSONALES**
   Apellidos y Nombres: (solo los datos del que autoriza)
   FLORES ZAFRA DAVID
   D.N.I.      :   41541647
   Domicilio   :   Urb. Los Girasoles Mz B Lt 1
   Teléfono    :   Fijo :              Móvil : 992040030
   E-mail      :   DAVIDFLORESZAFRA@GMAIL.COM

2. **IDENTIFICACIÓN DE LA TESIS**
   Modalidad:
   ☐ Tesis de Pregrado
   Facultad :
   Escuela  :
   Carrera  :
   Título   :

   ☒ Tesis de Posgrado

   ☐ Maestría                                    ☒ Doctorado

   Grado   : Doctor en Administración
   Mención : Administración

3. **DATOS DE LA TESIS**
   Autor (es) Apellidos y Nombres:
   Flores Zafra David

   Título de la tesis:
   Sistema experto para la gestión de servicios
   de tecnologías de la información en la
   empresa Sion Global Solutions, Lima 2019
   Año de publicación : 2020

4. **AUTORIZACIÓN DE PUBLICACIÓN DE LA TESIS EN VERSIÓN ELECTRÓNICA:**
   A través del presente documento, autorizo a la Biblioteca UCV-Lima Norte, a publicar en texto completo mi tesis.

   Firma :                          Fecha : 13-02-2020

# UNIVERSIDAD CÉSAR VALLEJO

## AUTORIZACIÓN DE LA VERSIÓN FINAL DEL TRABAJO DE INVESTIGACIÓN

CONSTE POR EL PRESENTE EL VISTO BUENO QUE OTORGA EL ENCARGADO DE INVESTIGACIÓN DE

## ESCUELA DE POSGRADO

A LA VERSIÓN FINAL DEL TRABAJO DE INVESTIGACIÓN QUE PRESENTA:

David Flores Zafra

INFORME TÍTULADO:

Sistema Experto para la Gestión de Servicios de Tecnologías de la Información en la Empresa Sion Global Solutions, Lima 2019.

PARA OBTENER EL TÍTULO O GRADO DE:

Doctor en Administración

SUSTENTADO EN FECHA: 24 de enero de 2020

NOTA O MENCIÓN: Aprobado por Excelencia.

FIRMA DEL ENCARGADO DE INVESTIGACIÓN

Printed by Books on Demand GmbH, Norderstedt / Germany